KB089147

최준석의 과학 열전 2

물리 열전 ^하

물리 열전

최준석의
과학 열전 2

하

그 슈뢰딩거의
고양이는 아직도
살아 있을까?

최준석

사이언스
SCIENCE 북스
BOOKS

물리적으로 나를 있게 한 부모님께 바칩니다.

최한민(1935~1996년), 정필례

이제 사람으로 과학을 배운다

어쩌다 읽게 된 과학책이 나를 여기까지 밀고 왔다. 50대 들어 교양 과학책을 읽기 시작했다. 책들은 재밌었다. 때로 깔깔댔고, 때로 심오함에 감탄했다. 쾌락과 의미를 찾아 계속해서 과학책을 읽었고, 그러다 보니 자연 과학 책이 집 책장을 가득 채우게 됐다. 몇 권이나 있는지 모른다. 1,000권 가까이 있을 것이다.

교양 과학책에는 외국 과학자 이름이 줄줄이 나왔고, 덕분에 노벨상을 받은 사람들 이름은 조금 알게 되었다. 노벨상 연구를 보면 현대 과학의 흐름을 파악하게 된다는 말을 실감했다. 그런데 뭔가 허전함이 있었다. 현대 과학을 만든 인물들을 알아 갈수록 한국 과학자가 궁금했다. 한국 과학자는 누가 있고, 그들은 무엇을 연구하고 있을까? 두 가지 궁금증에 대한 답을 찾아 한국의 물리학자와 천문학자들을 만나러 다녔다.

처음에는 누구를 만나야 할지 몰랐다. 학계 내부를 전혀 몰랐고,

7

누가 맹활약하는지 알려 주는 지도를 찾을 수 없었다. 문과 출신이기에 자연 과학을 공부한 친구도 거의 없다. 궁한 대로, 대학교 웹사이트를 검색해서 보았다. 이름들이 있으나, 누가 열심히 하고 잘하는지 알 수 없었다. 서울 대학교, 카이스트 교수라고 해서, 모두 잘하는 건 아니니까.

맨 먼저 만난 사람은 인하 대학교 핵물리학자 윤진희 교수다. 지인이 소개해 줬다. 그를 만날 때 나는 이론 물리학과 실험 물리학이 어떻게 다른지도 몰랐다. 윤 교수는 스위스 제네바에 있는 유럽 입자 물리학 연구소(Conseil Européenne pour la Recherche Nucléaire, CERN)의 핵물리학 실험에 참여하고 있었다. CERN의 27킬로미터 길이 지하 터널에는 지구 최대의 입자 가속기인 대형 강입자 충돌기(Large Hadron Collider, LHC)가 있다. 물리학자들은 그곳에서 만들어지는 입자들을 보고 자연의 비밀을 캐고 있다. 윤진희 교수가 제네바까지 가는 이유는 한국에는 그것과 같은 거대 과학(big science) 실험 시설이 없기 때문이다.

두 번째로 만난 물리학자는 서울 과학 기술 대학교 박명훈 교수다. 그 역시 CERN이 있는 스위스 제네바에서 살며 연구한 바 있다. 그는 실험가가 아니고, 입자 물리 이론(현상론)을 한다. 입자 검출기에서 나오는 데이터로 이론을 만들고 연구한다.

나는 만나는 물리학자들에게 학계 내에서 열심히 하는 학자들을 소개해 달라고 했다. 그렇게 취재 리스트를 만들 수 있었고, 명단 속의 인물들에게 전자 우편을 보내기 시작했다. 처음에는 '듣보잡'인 내게 시간을 잘 내주지 않았다. 이 문제는 시간이 지나면서 해결되었다. 과학자를 만나 어떤 글을 썼는지를 보여 주는 자료를 같이 보내자, 상당수는 흔쾌히 인터뷰 요청에 응했다. '이런 글을 쓰는 사람이라면, 시간을 내줄 수 있다.'라고 생각한 게 아닌가 싶다. 이렇게 1년에 걸쳐 50여 명 이상의 물리학자와 천문학자를 만났다.

그들이 들려주는 이야기는 이해하기 쉽지 않았다. 설명을 듣다 보면, 소위 '멘붕'이 오기도 했다. 만나는 시간은 2시간 이상이었다. 질문을 시작하고 시간이 좀 지나면 새로운 정보를 흡수하는 속도가 느려져서 그런지 내 머리가 잘 돌아가지 않았다. 때로 일반인인 내게 자신의 연구를 설명하기 힘들어하는 사람도 있었다. 전문 용어가 아닌, 일상적인 언어로 설명하는 건 그들에게도 익숙한 일이 아니었다. 반면 과학자로 살아온 부분은 쉽고 흥미로웠다.

물리학자를 만나러 서울 말고도 대전과 포항을 많이 찾았다. 가장 긴 시간 만난 사람은 응집 물질 물리학자인 염한웅 포항 공과 대학교 교수 겸 기초 과학 연구원(IBS) 연구단 단장이다. 그를 만난 건 크리스마스 다음 날이었고, 5시간 가까이 질문하고 답을 들었다.

그렇게 다니다 보니, 어느 순간 내가 '한국 과학자를 한국인에게 가장 많이 소개한 기자' 아닌가 하는 생각을 하게 되었다. 어느 기자가 그렇게 한국 과학자에 관심을 두고 그들의 연구와 학자로 살아온 길을 조명해 왔나 싶다.

시간이 지나면서 한국 물리학계와 천문학계의 내부 사정도, 한국 물리학계와 천문학계의 국제적인 위상도 이해할 수 있었다. 가령 입자 물리학자들은 국립 고에너지 물리 연구소 설립을 간절히 바라고

이제 사람으로 과학을 배운다

있다. 한국은 비슷한 경제 수준의 나라 중에서 고에너지 물리 연구소가 없는 거의 유일한 국가라고 물리학자들은 입을 모은다. 물리학자와 천문학자 100명은 "한국 중성미자 관측소(Korean Neutrino Observatory, KNO)를 만들어 달라."라고도 요구하고 있다. 천문학자들은 후발 주자인 한국이 천문학 분야에서 세계적인 수준으로 올라갈 수 있는 한 방법이 '한국 중성미자 관측소' 건립이라고 말한다. 한국 천문학자들은 열심히 하고 있으나, 연구자 수가 부족하고 장비도 없다. 일본과 비교하면 인구 대비 천문학자 비율이 훨씬 낮다. 장비를 보면 선진국은 지상에서는 거대 망원경 프로젝트를 주도하고, 우주에는 우주 망원경을 띄워 과학적인 질문에 답하려 한다. 한국은 그런 게 미미하다. 천문학 분야 투자가 작기 때문이다.

이 책에는 그런 한국 물리학자들과 천문학자들이 갈증을 느끼는 이야기가 나와 있다. 과학자들의 요구에 한국 사회가 귀를 닫고 있는 한, 노벨 물리학상을 기대할 수는 없을 것이다.

부끄럽게도 내 이름을 단 시리즈, 「최준석의 과학 열전」의 첫 번째 책인 『물리 열전 상』은 21세기 초 물리학의 큰 흐름을 보여 주며, 한국 물리학자는 지금 무엇을 하고 있는지 잘 전달한다고 생각한다. 책의 앞쪽에는 암흑 물질 연구자가 등장한다. 암흑 물질은 중성미자와 함께 세계 입자 물리학-천체 입자 물리학계의 큰 화두다. 각국의 물리학자는 바다 속으로 들어가고, 금광 지하 터널로 내려가고, 남극 얼음을 깨고 들어갔다. 자연이 보여 줄 은밀한 신호를 보기 위해서다. 자연의 비밀을 알아내려는 이들은 구도자처럼 보이기도 한다. 암흑 물질을 찾는 이현수 박사(IBS 지하 실험 연구단)는 수십 년쯤의 기다림은 대수롭지 않다는 식으로 내게 말했다.

시리즈 두 번째 책인 『물리 열전 하』에는 광학자들과 물질 물리학자들이 나온다. 광학자가 이야기하는 빛의 물리학은 마술과 같다. 양자 기술을 이용한 양자 컴퓨터와 양자 센싱, 나노 광학자가 다루는 빛은 상상을 초월한다. 이 세계에서 일어나는 일이 아닌 듯하다. 취재를 시작했을 때는 물질 물리학자를 만날 계획이 없었다. 그런데 물질 물리학자가 한국의 물리학자 중에서 가장 큰 그룹이라는 걸 뒤늦게 알았고, 생각을 바꿨다. 응집 물질 물리학자, 반도체 물리학자, 플라스마 물리학자와 생물 물리학자 일부를 만났다. 그들의 이야기 역시 흥미로웠다. 앞으로 기회가 되면 물질 물리학자를 더 만나 보고 싶다. 개정판을 낼 수 있다면 이들 이야기를 더 담을 수 있을 것이다.

세 번째 책인 『천문 열전』에는 한국 천문학계를 이끄는 관측 천문학자들과 이론 천문학자들이 나온다. 암흑 에너지는 우주의 운명과 관련해 우리의 관심을 끄는 미지의 에너지로, 우주를 가속 팽창시키는 원인으로 지목됐다. 2011년 노벨 물리학상은 우주 가속 팽창의 증거를 제시한 연구자 3명에게 돌아갔다. 이 사건은 암흑 에너지가 정설로 굳어지는 데 결정적으로 기여했다. 하지만 한국의 천문학자인 이영욱 연세 대학교 교수는 암흑 에너지의 존재에 회의적이다. 그는 "노벨상을 받은 연구자들이 틀렸다."라고 주장하고 있다. 자연 과학계와 관심 있는 일반인의 주목은 끈 이영욱 교수 연구 관련 파문은 모두 이 책에 실린 나의 글에서 시작되었다. 천문학 분야의 주요 연

이제 사람으로 과학을 배운다

구 토픽은 은하의 진화, 블랙홀 연구다. 대학과 한국 천문 연구원의 천문학자가 어떤 이슈를 붙들고 우주의 비밀을 캐기 위해 연구에 매진하고 있는지 알 수 있을 것이다. 그리고 중력파 연구의 현 주소도 이 책에서 확인할 수 있다.

물리학자에 이어 나는 화학자를 40명 이상 만났고, 생명 과학자들도 다수 만났다. 이제 수학자를 만나기 시작했다. 화학자 이야기는 『화학 열전』으로, 생명 과학자 이야기는 『생명 과학 열전』으로 묶어 내려고 한다.

과학자를 만날 수 있었던 것은 《주간조선》 덕분이다. 지면을 준 이동한 발행인과 정장렬 편집장에게 고맙게 생각한다. 연재를 보고 책으로 내 보자고 제안해 준 ㈜사이언스북스 노의성 주간에게 감사의 말을 전한다. 담당 편집자 김효원 씨의 노고도 감사하다.

내가 취재할 물리학자를 찾는 과정에서 도움을 준 몇 분이 있다. 서울 시립 대학교 박인규 교수와 경희 대학교 박용섭 교수, 그리고 고려 대학교 이승준 교수에게 감사드린다. 이들은 물리학계 내부의 큰 그림을 보여 주고, 여러 분야의 리더가 누구인지를 가르쳐 줬다.

2022년 여름을 지내며
최준석

차례

최준석의 과학 열전 1:
물리 열전 상

물리학은 양파 껍질 까기

최준석의 과학 열전 3:
천문 열전

블랙홀과 중성자별이 충돌한다면?

1부

우리는 양자 세계를 이해하고 이용할 수 있을까?

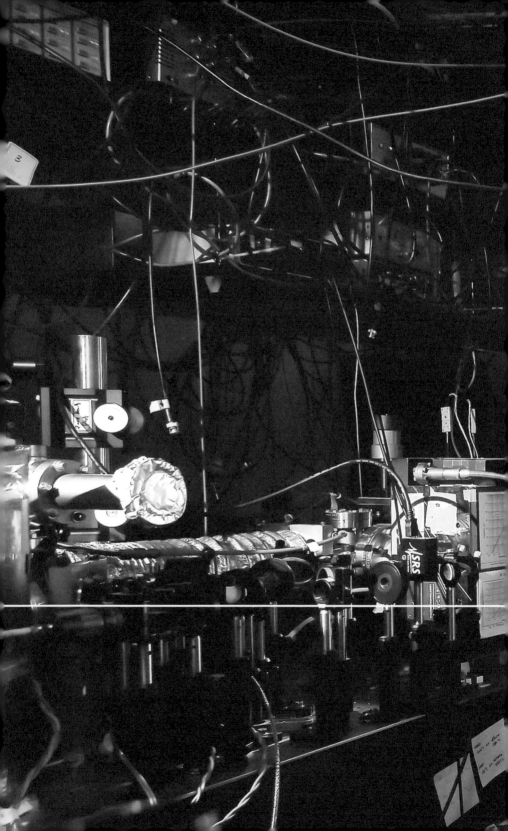

1장   양자 컴퓨터 개발은 불가능하다?!

조동현
고려 대학교 물리학과 교수

"양자 컴퓨터는 개발될 수 없다. 내가 죽을 때까지 개발되지 않을 것이고 앞으로도 영원히 구현되지 않는다고 생각한다." 조동현 고려 대학교 물리학과 교수는 연구실로 찾아온 내게 이렇게 말했다. "양자 정보학을 연구한 물리학자라면 모두 그걸 알고 있다고 생각한다. 양자 컴퓨터를 만든다는 것은 simply impossible, 그냥 불가능하다."

조동현 교수는 정밀 측정(precision measurement)을 연구하는 원자 물리학자다. 서울 대학교 물리학과 78학번으로, 졸업 뒤 미국 예일 대학교에서 양성자의 특정 물리량 측정으로 박사 학위를 받았다. 1994년부터 고려 대학교 물리학과 교수로 일하고 있다. 요즘 그는 양자 정보학 관련 기초 연구를 하고 있다. 양자 컴퓨터에 사용되는 큐비트(qubit) 관련 연구를 했고, 이 논문이 물리학 분야 최상위 학술지인 《피지컬 리뷰 레터스(*Physical Review Letters*)》에 2019년 실렸다. 큐비트는 양자 컴퓨터의 연산 단위다. 양자를 가리키는 영어 단어 퀀텀

(quantum)과 컴퓨터의 연산 단위인 비트(bit)를 합해 큐비트다.

2019년 10월 23일 구글(Google)이 자신들이 만든 양자 컴퓨터가 계산 능력에서 일반 컴퓨터보다 앞섰다고 발표하면서 양자 컴퓨터에 대한 관심을 불러일으켰다. 구글은 자신들의 양자 컴퓨터가 고전적인 컴퓨터로 1만 년 걸리는 계산을 3분 만에 해치웠다고 주장했다. 현재 사용하는 컴퓨터를 양자 컴퓨터와 비교해 고전적 컴퓨터라고 한다.

조동현 교수는 "1만 년 걸릴 계산, 500년 걸릴 계산이라는 것은 중요하지 않다. 계산이 의미 있으려면 하고 싶은 계산을 할 수 있어야 하고, 계산 결과가 맞아야 한다. 그런데 실제로는 그렇지 않다. 구글은 계산을 한 게 아니라, 난수(random number)를 만들었을 뿐이다."라고 말했다. 즉 양자 컴퓨터가 아니라 난수 발생기라는 주장이다. 필자 세대에게 난수는 북한이 남한에 간첩을 내려보내면서 그들의 손에 쥐여 주는 난수표라는 것으로 흔히 기억된다. 북한의 첩보 기관이 평양 방송을 통해 난수를 들려주면 남한의 고정 간첩이 몰래 그 숫자를 듣고, 난수표와 대조해 지시를 해독하는 식이다.

조동현 교수는 "난수는 맞고 틀리고가 없다. 얼마나 임의적(random)이냐 하는 문제다. 구글이 시커모어(Sycamore)라는 프로세서를 갖고 난수 만들기가 가능하다는 것은 보였다. 그런데 그래서 어쨌다는 것인가. 나는 그걸 묻고 싶다."라고 말했다. 구글의 양자 컴퓨터는 '$\sqrt{756}$의 값을 구하라.'라는 문제도 풀 수 없다. 쉬운 계산도 못 한다. 그러면 구글은 무슨 계산을 했다는 것인가? "구글은 자신이 할 수 있는 계산을 했다. 정말로 양자 컴퓨터가 가능하다고 믿는 것인지, 아니면 회의적이면서도 이 연구를 하는 것인지 모르겠다."

흔히 양자 컴퓨터는 현재의 암호 체계를 무력화시킬 거라고 말한다. 전자 상거래는 사용자가 입력한 비밀 번호를 암호화해 사용한다. 만약 양자 컴퓨터가 개발된다면 암호를 쉽게 풀 수 있어 이에 대비해야 한다는 우려가 있다. 그런데 조동현 교수는 암호 체계를 깰 수 있는 양자 컴퓨터를 만드는 것은 앞으로도 불가능하다고 말했다.

현재 암호화 방식은 소인수 분해 방식이다. 15를 소인수 분해하면 소수 3과 5가 나온다. 소수는 1과 자기 자신으로만 나뉘는 자연수다. 작은 수는 쉽게 소인수 분해할 수 있다. 수가 크면 소인수 분해가 어렵다. 클수록 어렵다. 현재 암호화 방식인 RSA가 사용하는 숫자는 조 교수의 연구실 벽면 한쪽 끝에서 저쪽 끝까지 써야 할 정도로 길다. 이렇게 큰 수를 소인수 분해할 수 있는 소수를 알아내기는 어렵다. 수가 커질수록 소인수 분해하는 데 걸리는 계산 시간이 지수적으로 늘어난다. 그러한 어려움을 이용해 성공적으로 암호화한 게 RSA인 것이다.

미국 매사추세츠 공과 대학교(MIT) 수학과 교수인 피터 쇼어(Peter Shor)가 1994년 쇼어 알고리듬(Shor's algorithm)을 내놓았다. RSA 암호화 방식을 깰 수 있는 알고리듬이었다. 쇼어는 양자 연산을 이용하면 고전적인 컴퓨터보다 소인수 분해를 빨리할 수 있다고 주장했다. 2001년 IBM이 쇼어 알고리듬을 써서 15를 소인수 분해했다. 조동현 교수에 따르면 그 후에는 진전이 없다. 15보다 큰 수를 소인수 분해했다는 이야기가 들려오지 않는다.

양자 컴퓨터 연대기의 시작은 1980년대 후반이다. 양자 역학의 논리를 적용하면 기존의 고전적인 컴퓨터와는 다른 방법론이 열릴 거라는 제안이 나왔다. 지난 100년 동안 발전한 양자 물리학에 기반한 아이디어였다. 물리학자는 원자, 분자, 초전도체와 같은 물질을 들여다보고, 물질들의 작동 방식을 알아내면서 양자계에 대한 깊은 이해와 자신감이 생겼다. 1980년대 후반에 나온, 양자 컴퓨터로 패러다임을 전환하자는 생각은 인공적인 양자계를 만들고 이를 조작해 뭔가를 해 보겠다는 것이다. 무엇을 하려고 했을까? 바로 계산이다.

고전적인 컴퓨터는 논리 게이트로 회로를 구성했다. 'and 게이트'와 'or 게이트'를 만들어 덧셈과 뺄셈을 한다. 연산의 시작은 논리 게이트다. 양자로 정보를 처리할 때도 마찬가지다. 규칙에 따라 움직이는 게이트를 만드는 것이 출발점이다. 지금은 오스트리아 인스부르크 대학교에 있는 페터 촐러(Peter Zoller) 이론 그룹이 양자 게이트를 만들 수 있는 아이디어로 'C(Controlled) Not Gate'를 제안했다. 이어서 미국 표준 과학 연구원(NIST)에 있는 데이비드 와인랜드(David Wineland, 2012년 노벨상 수상) 그룹이 'C Not Gate'를 실제로 만들어 냈다.

양자 컴퓨터 연구에 가장 관심을 보인 것은 주요 국가의 정보 기관이었다. 미국 국가 안보국(NSA), 영국 비밀 정보부(MI6)는 양자 컴퓨터가 암호를 깰 수 있다는 데 주목하고 과학자들에게 연구비를 댔다. 만약 다른 나라의 암호 시스템을 깨고 들어갈 수 있다면 '대박'이다. 요즘은 중국을 평계로 양자 컴퓨터 연구에 예산을 퍼붓고 있다. 중국이 양자 컴퓨터를 먼저 개발하면 안 된다, 개발을 서둘러야 한다는 논리다. 그러나 수십 년간 양자 컴퓨터를 개발한 결과는 15와 같은 숫자의 소인수 분해 능력밖에 안 된다. 엄청나게 긴 수를 소인수 분해 하는 것은 꿈도 꾸지 못할 일이다.

양자 컴퓨터의 힘은 양자 중첩(quantum superposition)과 양자 얽힘(quantum entanglement)에서 나온다. 조동현 교수는 "양자 중첩과 얽힘은 어려워서 내가 지금 설명할 수 없다."라며 양자 컴퓨터의 한계를 다음과 같이 설명했다. "양자 중첩과 얽힘이 자원이 되기에 강력한 계산 알고리듬이 가능하다. 그런데 양자 중첩과 양자 얽힘 상태는 매우 취약하다. 만들기도 어렵고 유지하기도 힘들다. 외부의 섭동, 전기장, 자기장, 아니면 무엇이든 진동과 같은 게 들어오면 내가 준비한 것과 다른 상태가 된다. 그러면 '재미없는 상태'로 간다. 그걸 1~2개 큐비트를 유지해서 실험할 수는 있다. 그러나 여럿이 서로 연결된 상태로 만들고, 계산해서 의미 있는 결과를 내겠다는 것은 불가능하다. 지금 우리가 쓰는 일반 컴퓨터보다 더 나은 계산은 할 수 없다."

현재 우리가 쓰는 컴퓨터는 연산을 위해 0과 1 숫자 2개를 쓰는 이진법을 사용한다. 0을 0으로, 1을 1로 정확히 쓰고 제대로 읽어야 계산이 가능하다. 컴퓨터는 수를 입력하고 읽는 데 오류가 발생할 가능성이 극히 작다. 그런데 양자 컴퓨터는 오류 발생률이 매우 높다. 조동현 교수가 구글 팀의 논문을 보면서 이야기를 이어 갔다. 내가 조 교수를 찾아간 것은 2019년 12월 말이었다. "이번에 구글 팀 머신의 에러 발생률은 0.15퍼센트다. 0.15퍼센트는 큐비트 1개를 쓰는 데 잘 못 쓸 가능성이 1,000번에 1~2번이라는 뜻이다. 오류가 쌓이면 어떻게 연산을 할 수 있겠는가? 1을 쓰고 싶은데 정확히 써지지 않는 시스템이 현재의 양자 컴퓨터다."

양자 컴퓨터로 할 수 있는 일로 보편 양자 컴퓨팅(universal quantum computing)이 거론됐다. 보편 양자 컴퓨팅이라는 것은, 프로그래밍할 수 있는 컴퓨터, 덧셈, 뺄셈, 그림 그리기, 적분, 미분을 할 수 있는 컴퓨터, 즉 보통 우리가 쓰는 컴퓨터를 말한다. 그런데 지금까지 만든 양자 컴퓨터는 연산이 안 된다는 것이 거의 분명해졌다. 그러자 그다음에 나온 것이 노이즈가 있는 중간 규모 양자 컴퓨터(noisy intermediate-scale quantum, NISQ)다. NISQ는 2018년 미국 캘리포니아 공과 대학교(Caltech)의 존 프레스킬(John Preskill)이 내놓았다.

조동현 교수는 "큐비트 수를 늘려 갔지만 복잡한 계산을 할 수 없는 상황이 됐다. 그러니 할 수 있는 일이라도 하자는 쪽으로 흘러간 것이다. 프레스킬은 이쪽의 이론적인 구루다. 그가 이렇게 말했다는 건 양자 컴퓨터 연구가 쪼그라들었다고 할까? 노이즈를 인정하고 일반적인 양자 컴퓨터 개발로는 갈 수 없다고 선언한 셈이다."라고 평했다.

이후 양자 시뮬레이션(quantum simulation)이 나오기 시작했다. 컴퓨팅이라고 하면 계산 결과가 맞아야 한다. 시뮬레이션은 그보다 약간 느슨한 계산이라고 할 수 있다. 통계적으로 결과만 나와도 의미 있다고 보는 것이다.

그렇다면 《네이처(Nature)》가 구글 팀의 이른바 '양자 우월성(quantum supremacy)' 발표를 크게 보도한 이유가 무엇일까? 《네이처》는

2019년 10월 23일 「프로그래밍 가능한 초전도체 프로세서를 이용하는 양자 우월성(Quantum supremacy using a programmable superconducting processor)」이라는 제목의 구글 팀 논문(교신 저자 존 마르티니스(John Martinis))을 실은 바 있다. 조동현 교수는 "구글의 연구는 흥미로운 양자 역학 실험이다. 지금까지는 자연이 제공한 양자계를 가지고 실험했지만, 구글은 인공적인 양자 역학적 계를 가지고 실험했다는 점이 다르다."라고 설명했다. 그렇다면 고전적인 슈퍼컴퓨터로 1만 년 걸릴 계산을 양자 컴퓨터로 3분 만에 풀었다는 주장은 무슨 뜻이냐고 물었다. "양자 역학 계산이니까, 양자계를 쓰면 계산이고 뭐고 할 것 없이 자연스럽게 된다. 양자 역학 계산을 고전 컴퓨터로 하려면 오래 걸린다."라고 말했다.

조동현 교수는 양자 우월성을 달성한 구글의 엔지니어링 능력은 훌륭하다고 했다. "최첨단(state of art)"이라고 표현했다. 그런데 그게 무슨 쓸모가 있고, 개선될 가능성이 안 보인다는 점에서 회의적이다. 구글은 왜 이런 일을 할까? 그는 기업 홍보라고 단언했다.

2017년에 한국 정부는 양자 컴퓨터 개발을 위해 5000억 원을 투자할까 해서 예산 타당성을 검토했다. 이때 조동현 교수는 발 벗고 반대에 나섰다. 오세정 당시 국회 의원(현 서울 대학교 총장)을 찾아가 "말도 안 되는 일이 벌어지고 있다."라고 설명하고, 《경향신문》에 반대하는 글을 썼다. 그가 왜 그렇게 움직였는지 궁금했다. 조동현 교수는 "내가 조금 극단적이기는 하다. 그렇지만 나와 같은 생각을 한 물리학자가 적지 않다."라고 말했다. 국가 과제에 딴지를 건다는 비판적인 시선이 적지 않았다. "정부가 양자 컴퓨터를 하고 싶어 했다. 양자가

멋있어 보이고, 그래서 예비 타당성 조사(예타)까지 올라갔다." 결국
한국 과학 기술 기획 평가원(KISTEP)의 타당성 검토에서 '경제성 없음'
으로 나와 사업 계획이 무산됐다. 대신 정부는 기초 연구 지원으로
방향을 돌렸다. 정부는 수년간 300억~400억 원을 지원하기로 했고,
2019년에만 60억~70억 원을 지원했다. 조동현 교수는 양자 컴퓨터
가 아니라 양자 통신에도 세금이 들어가고 있다고 했다. "이것도 말
이 안 된다. 3000억 원 사업을 하겠다고 하고, 예타가 진행 중인 것으
로 안다. 양자 암호 통신, 양자 통신이라는 키워드로 검색해 보면 프
로젝트가 뭔지 바로 찾아볼 수 있을 거다."

조동현 교수는 미국 예일 대학교에서 1991년 박사 학위를 받았다.
핵물리학을 하려고 했으나 세르주 아로슈(Serge Haroche, 2012년 노벨 물리학
상 수상) 교수의 강의를 듣고 원자 물리학에 흥미를 느꼈다. 원자 물리
학의 하위 분야인 정밀 측정 분야의 전문가가 되었다. 박사 논문은
양성자의 전기 쌍극자 모멘트 측정 결과로 썼다. 이후 미국 볼더에
있는 콜로라도 대학교에서 박사 후 연구원으로 3년간 일했다. 이때
지도 교수가 2001년도 노벨 물리학상 수상자인 칼 위먼(Carl Wieman)이
다. 칼 위먼은 자신의 실험실에서 박사 후 연구원으로 일했던 에릭 코
넬(Eric Cornell)과 함께 노벨상을 받았다. 조동현 교수는 에릭 코넬과
같은 때에 위먼의 실험실에서 일했다. 조동현 교수에게 노벨상이 바
로 옆으로 지나간 것 아니냐고 물었다. 조동현 교수는 웃으며 "그런
건 아니다."라고 말했다. "에릭이 나보다 6개월 먼저 위먼 교수 실험실
에 왔다. 칼은 에릭에게는 보스-아인슈타인 응축 실험 연구를 하게

했고, 나는 세슘 원자를 갖고 공간 반전(space inversion) 실험을 하게 했다. 나는 1994년 고려 대학교로 옮겼고, 다음 해인 1995년 칼과 에릭은 보스-아인슈타인 응축을 관찰하는 데 성공했다. 그 공적으로 두 사람은 노벨상을 받았다."

조동현 교수는 자신의 연구와 관련해 "2003년 매직 파장, 2014년 매직 편광 연구를 국제 학계에서 높게 평가한다. 자랑할 만하다."라고 말했다. 그의 실험실 홈페이지에 가면 "레이저 분광학"이라는 글씨가 크게 쓰여 있다. 그는 "분광학은 원자 속 전자들이 갖는 에너지 준위 사이의 에너지 차이를 정밀 측정하는 일"이라고 설명했다. 전자의 에너지가 가장 낮은 바닥 상태가 있고, 에너지를 살짝 가진 들뜬 상태가 있다. 바닥 상태를 0이라고 보고, 들뜬 상태를 1로 보면 전자는 0과 1이라는 두 가지 상태를 갖는다. 두 가지 상태는 양자 컴퓨터의 정보 단위인 큐비트로 사용할 수 있다.

"레이저로 중성 원자를 포획하고 중성 원자의 두 가지 상태를 큐비트로 삼아 연산하면 된다. 이게 큐비트를 만드는 방법 중 하나다. 큐비트로 쓰려면 0과 1의 상태를 자유자재로 바꿀 수 있어야 한다. 바꾸려면 전자기파의 특정 주파수를 쪼이면 된다. 그러려면 두 상태의 에너지 차이가 있는 지점을 정확히 포착해야 한다. 그런데 그게 쉽지 않았다. 레이저로 원자를 붙잡고 있으면 그 위치를 정확히 알 수 있을 줄 알았으나, '섭동' 때문에 그러지 못했다. 나는 매직 파장과 매직 편광 연구를 통해 섭동 문제를 해결하고 두 상태를 정확히 조작할 수 있었다."

1장 양자 컴퓨터 개발은 불가능하다?!

고려 대학교 물리학과 게시판에 붙어 있는,《피지컬 리뷰 레터스》에 실린 그의 논문도 큐비트와 관련된 내용이었다. 조동현 교수는 "매직 편광을 이용해 1차원 광(光) 격자를 만들었고, 인접한 격자에 들어가 있는 리튬 원자를 각각 조작하는 데 성공했다. 532나노미터밖에 떨어지지 않은 원자를 선택적으로 조작할 수 있었다. 원자가 가까이 있을수록 양자 역학의 얽힘 상태를 만들기 쉽다."라고 말했다.

조동현 교수는 고려 대학교가 강의를 잘한 교수에게 주는 석탑 강의상을 10번 받은 게 가장 자랑스럽다고 했다. 교수 평가 사이트인 '김박사넷'에서 조동현 교수를 검색하니 좋은 평가들이 많았다. 그는 제자들이 존경하는 스승이었다.

2021년 11월, 미국 기업 IBM이 127큐비트의 양자 컴퓨터를 개발했다고 발표했다. 구글이 2019년 10월에 내놓은 시커모어 프로세서(54큐비트)의 정보 처리 능력을 앞선다는 것이었다. 이로 인해 사람들은 양자 컴퓨터 시대가 성큼 다가온 것 아니냐고 생각하게 됐다. 이와 관련해 조동현 교수에게 물었다. 조 교수를 처음 만나 양자 컴퓨터에 관해 물은 지 2년 가까이 지난 시점이다. 조동현 교수는 "내 생각은 달라진 게 없다. IBM이 100큐비트를 달성한 것도 의미 없다고 생각한다. 양자 컴퓨팅 기술을 인류가 얻으려면 앞으로도 많은 시간이 필요하다."라고 말했다.

조 교수는 1980년대 중반 핵융합 에너지가 새로운 에너지로 주목을 받은 바 있다는 이야기를 했다. 당시 똑똑한 물리학과 학생들이 미국 프린스턴 대학교의 프린스턴 플라스마 물리학 연구소(Princeton

Plasma Physics Laboratory, PPPL)로 유학을 떠났다. 하지만 그로부터 40년이 지난 지금도 인류는 핵융합 발전 기술을 확보하지 못했다. 30년 정도는 더 기다려야 한다고 한다. 양자 컴퓨팅도 비슷하다는 게 조동현 교수의 말이었다.

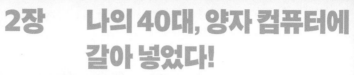

정연욱

성균관 대학교 나노 공학과 교수

"이게 양자 컴퓨터인가?"

"양자 컴퓨터라고, 그렇게 글을 쓰면 안 된다. 이건 양자 컴퓨터가 아니고 양자 컴퓨터를 연구하는 장치다."

성균관 대학교 나노 공학과 정연욱 교수는 양자 컴퓨터를 개발하는 몇 안 되는 한국 물리학자 중 1명이다. 그는 성균관 대학교로 옮기기 전 대전 표준 과학 연구원(KRISS)에서 일했다. 이때 정연욱 교수를 만났다. 2019년 연말이었다. 그는 대전 대덕 특구 내 표준 과학 연구원 첨단동 지하 LAB-B19호에 실험실을 갖고 있었다. 실험실 입구에는 "양자 정보 시대 절대 보안성을 위한 멀티-플랫폼 큐비트 암호 통신 핵심 기술 개발"이라고 쓰여 있다. 안에 들어가니 높이 2미터가 조금 넘는 푸른색 철제 빔으로 만든 사각형 구조체 2개가 보인다. 각각의 구조체 안에는 원형 구조물이 들어 있다. 원형 구조물은 자기장 차폐물이다. 사진을 찍기 위해 철판으로 된 자기장 차폐물을 벗겼다.

2장 나의 40대, 양자 컴퓨터에 갈아 넣었다!

원통형의 흰색 냉동기가 안에서 모습을 드러냈다.

이것이 양자 컴퓨터냐고 물었다. 정연욱 박사는 "아니다. 방 안의 장비 모두가 양자 컴퓨터다."라고 말했다. 원형 냉동기 내부는 절대온도로 0.007켈빈(K)이다. 냉동기 옆에 있는 작은 디스플레이에는 "7.***"라는 글씨와 "T under"라는 글씨가 보인다. 냉동기 내부 온도다. 내부를 절대 영도에 아주 가깝게 유지하는 이유는 무엇일까?

양자 물리학 상태는 이렇게 낮은 온도에서 만들 수 있기 때문이다. 냉동기 안에는 양자 컴퓨터 개발을 위한 장비들이 들어 있었다. 냉동기 안에 넣은 시스템이 어떻게 생겼는지는 알 수 없었다. 실험실 문 안쪽에는 사진 1장이 프린트되어 있었다. 한 실험실 학생은 "IBM이 공개한 양자 컴퓨터 사진이다. 우리가 구축한 것도 이와 비슷하다."라고 설명했다.

정연욱 박사는 "한국의 초전도 양자 컴퓨터 연구 분야에서 표준 과학 연구원 팀이 단연 앞서고 있다."라고 말했다. 정연욱 박사 그룹은 한국 연구 재단이 2019년 4월에 모집한 '양자 컴퓨팅 핵심 기술 개발' 연구 과제 평가에서 상당히 좋은 평가를 받았다. 그는 "당시 외국인 전문가들이 심사를 했기 때문에 더 공정했다. 경험이 많고, 과제 수행 능력이 충분하다는 이야기를 들었다."라고 자랑했다.

양자 컴퓨터는 최소 정보 단위인 큐비트로 무엇을 사용하느냐에 따라 분류된다. 정연욱 박사는 초전도 큐비트와 포획된 이온(trapped ion)을 주로 사용한다. 구글은 2019년 10월 자신들이 만든 양자 컴퓨터가 '양자 우월성을 달성했다고 발표했다. 구글의 양자 컴퓨터는 초

정연욱 교수가 일하던 한국 표준 연구원 내 실험실에 붙어 있던 사진. IBM 양자 컴퓨터 모습이고, 왼쪽 사람이 백한희 IBM 연구원이다. 정연욱 교수 제공 사진.

2장 나의 40대, 양자 컴퓨터에 갈아 넣었다!

전도 큐비트를 사용한다. 정연욱 박사는 구글의 양자 우월성 실험을 주도한 물리학자를 잘 알고 있었다. 구글 양자 컴퓨터 개발 팀장은 존 마르티니스다. 정연욱 박사가 2002년부터 미국 NIST에서 박사후 연구원으로 일할 때 마르티니스는 바로 앞 실험실을 썼다. 두 사람은 같은 양자 전자기부 소속이었고, 프로젝트만 달랐다. 정연욱 박사는 조지프슨 전압 표준 프로젝트에 참여했고, 마르티니스는 양자 컴퓨터 관련 초전도 큐비드 프로젝트를 이끌었다. 정연욱 박사는 "마르티니스는 완벽주의자다. 일밖에 모르는 사람이다."라고 말했다. 마르티니스는 NIST에서 초전도 큐비트를 개발하다 2004년쯤 캘리포니아 대학교 샌타바버라 캠퍼스로 옮겼다. 그곳에서 10년간 연구한 뒤 2014년부터 그룹의 핵심 멤버들과 함께 구글에도 적을 두고 연구하고 있다. 존 마르티니스 교수 홈페이지에 들어가 보니 대학 교수 겸 구글 연구 과학자(research scientist)라고 쓰여 있다.

"양자 우월성 이야기는 3~4년 전부터 연구자들 사이에서 꾸준히 나왔다." 2019년 여름에는 마르티니스가 양자 우월성을 달성했다는 논문을 쓴다는 이야기가 돌았다. 구글의 양자 우월성 발표 뒤에 경쟁 업체인 IBM이 논문 내용을 문제 삼았다. 정연욱 박사는 "의미 있는 반론이었으나, IBM은 약점만 부각한 측면이 있다."라고 평가했다.

조동현 고려 대학교 교수가 이야기한, 양자 컴퓨터는 만들어지지 못할 것이라는 의견을 전했다. 정연욱 박사는 "조동현 교수 말이 정확하다. 5년 후에 양자 컴퓨터가 세상을 바꾼다고 말을 하는 사람들이 있다. 다 거짓말이다. 그런 컴퓨터는 앞으로 상당 기간, 내가 죽기 전까지 나오기도 힘들지 모른다."라고 말했다. 이어서 그는 "일각에서 양자 컴퓨터가 나오면 암호가 다 깨지고 인공 지능이 양자 컴퓨터로 되고, 대한민국 슈퍼컴퓨터의 다음 모델은 양자 컴퓨터라고 말한다. 하지만 그런 일은 가까운 시일 내에는 일어나지 않을 것이다."라고 예상했다.

정부와 과학 기술자 커뮤니티 일각에서 양자 컴퓨터 연구에 수천억 원을 투자하자는 아이디어가 나오는데, 정연욱 박사 역시 이를 극도로 경계한다. "양자 컴퓨터는 개발이 될지 안 될지 모른다. 개발이 가능하더라도 시간도 얼마나 걸릴지 모른다. 과잉 기대와 부풀려 말하기(overselling)가 되면 이 분야가 빨리 죽는다. 돈 확 태우고 확 죽는 것이다. 양자 컴퓨터는 그러면 안 된다."

정연욱 박사와 조동현 교수의 양자 컴퓨터에 대한 생각이 같은 점과 다른 점은 어디일까? 같은 점은 수많은 예산을 투입하자는 생각에 조심스럽다는 것이다. 다른 점은 조동현 교수는 양자 컴퓨터를 개발할 게 아니라 기초 연구를 하자고 한다. 반면 정연욱 박사는 실용적인 입장이다. 지금부터라도 초보적인 수준의 양자 컴퓨터를 개발해야 한다고 주장했다.

"구글이 양자 우월성을 달성했다는 사실은 명백하다. 양자 컴퓨터는 우리가 흔히 보는 컴퓨터가 아니다. 지금 컴퓨터가 하는 계산은 거의 영원히 지금의 컴퓨터가 할 것이다. 물론 양자 컴퓨터를 디지털 컴퓨터처럼 쓸 수도 있다. 하지만 그럴 이유가 없다. 양자 컴퓨터는 비싸고, 오퍼레이션도 까다롭고, 덩치도 크다. 양자 컴퓨터로 그런 일을 하는 건, 최고급 경기용 자동차 페라리를 몰고 배추 배달을 가는 것과 같다."

그렇다면 양자 컴퓨터는 왜 필요할까? 지금 컴퓨터가 하지 못한다고 알려진 계산이 있다. 그중 특별한 몇 가지 계산은 양자 컴퓨터가 잘한다. 양자 컴퓨터가 기존 컴퓨터를 도와주는 보조 계산을 하게 될 것이다. 정연욱 박사는 "일반 컴퓨터를 쓰다가 중간에 특정한 계산을 양자 컴퓨터가 하면 100만 배 빨라지는 게 있다고 가성해 보자. 그때 시키면 된다. 네트워크를 통해 연결된 양자 컴퓨터에 계산을 하라고 던진다. 예를 들어 열차표 예매를 생각해 보자. 스마트폰이나 PC로 표를 예매할 때 우리는 그 뒤에서 어떤 일이 일어나는지 모른다. 앞으로는 그중 일부를 양자 컴퓨터가 수행할 수 있다. 그 계산을 네트워크로 연결되어 있는 양자 컴퓨터가 클라우드 상태로 처리하는 게 현재 우리가 생각하는 양자 컴퓨터 사용 모델이다."

양자 컴퓨터만 할 수 있는 특별한 계산이 무엇인가 물었다. 지금은 몇 가지 없다는 대답이 돌아왔다. "어렵기만 한 것들이다. 지금은 양자 컴퓨터를 어떻게 활용해야 할지 모른다." 초보적인 수준의 양자 컴퓨터라고 할 수 있는 아주 작은 스케일의 구글 머신이 있다. 사람들이 이것을 이용해 이런저런 프로그램을 시도하고 있다. 그러다 보면 용도가 나올 것이다. 그는 애플이 스마트폰을 처음 내놓았을 때를 생각해 보자고 했다. 그때는 지금 스마트폰이 이렇게 많은 일을 하리라 예상하지 못했다. 양자 컴퓨터도 앞으로 진화를 계속할 것이라 전망했다.

지금으로서는 양자 컴퓨터가 실현될지 불확실하다. 미국 정부의 양자 컴퓨터에 대한 투자 흐름을 보면 오랫동안 그랬다. 그래도 그는 기술 개발을 해야 한다는 쪽이다. 기술 개발은 단기와 장기로 나눠 볼 수 있다. 가령 달 여행은 돈을 쏟아부어야 하고 시간도 10년 걸릴 것이다. 양자 컴퓨터는 달 여행보다 어렵다. 될지 안 될지도 모르고, 시간이 10년 걸릴지 20년 걸릴지도 모른다. 미국도 기초를 다져 왔다. 10년간 많은 돈을 썼다. 미국 덩치를 생각하면 큰돈은 아니다. 양자 컴퓨터라는 주제를 가지고 양자 엔지니어를 육성하고 양자 역학으로 어디까지 갈 수 있는지 시험했다. 그러다가 가능성이 보이면 계속 가고 그렇지 않으면 그냥 둔다. 지난 20년간 그런 일이 계속 일어났다. 티핑 포인트(tipping point)는 2014년이다. 구글이 그해 9월 마르티니스를 영입했다. 그리고 5년 후에 양자 우월성을 달성했다.

구글이 2019년 10월에 한 일이 정확히 무엇이냐는 질문에 대해 그는 이렇게 말했다. "구글은 인공적인 양자계를 만들었다. 100퍼센트 양자 역학 논리로 돌아가는 기계다. 당장 쓸모 있는 일은 아닐지 모른다. 난수 발생은 단순한 수학 문제다. 하지만 단 하나의 문제라도 고전적인 컴퓨터가 하지 못하는 것을 해 냈다는 게 중요하다. 구글은 할 수 있음을 보여 줬다."

정연욱 교수는 서울 대학교 물리학과 88학번이다. 서울 대학교에서 박사 학위를 받았다. 석사 때는 초전도 센서를, 박사 때는 초전도 디지털 회로를 연구했다. 초전도는 절대 영도(0켈빈)에 가깝게 내려가면 전기 저항이 사라지는 현상이다. 정연욱 박사는 초전도 소자

(device)를 만드는 데 특장이 있다. 소자 제작 기술에 에지(edge)가 있다고 강조했다. 정연욱 박사는 미국 표준 연구원에서 조지프슨 전압 표준을 연구하며 신기록을 세웠다. "조지프슨 접합 수가 많을수록 좋은 회로다. 당시 1볼트 칩에 조지프슨 접합이 3만 2000개 들어갔다. 내가 이걸 3년 만에 5배로 늘렸다. 칩 1개당 15만 개를 집어넣었다. 전 세계 최고 기록이었다."

2005년 대전에 있는 표준 과학 연구원으로 자리를 옮겼다. 표준 과학 연구원에서도 조지프슨 전압 표준 관련 업무를 몇 년 더 했다. 이후에는 온도 표준을 새로 정의하는 연구를 했다. 2009년쯤 당시 상급자였던 이호성 박사에게 양자 컴퓨터 연구를 건의하자 이호성 당시 부장이 흔쾌히 승낙했다.

"양자 컴퓨터 기술 개발 속도는 게 걸음과 빠른 걸음을 반복해 왔다. 양자 컴퓨터 연구는 세계적으로 1995년쯤 본격적으로 시작됐다. 내가 1999년 박사 학위를 받을 때는 양자 컴퓨터가 눈부시게 발전했다. 2002년부터 2006년까지는 기술 향상이 주춤했다. 열심히들 하는데 기술이 안 올라갔다. 여기까지인가 하는 분위기도 있었다. 2007년, 아니면 2008년부터 미국 정부가 큰돈을 쏟아붓기 시작했다. 대형 연구 과제를 진행시켰다. 미국 중앙 정보국(CIA)이 돈을 댔고, 사람들이 연구에 몰려들었다. 기술이 다시 올라가는 게 보였다."

정연욱 교수는 2010년쯤 초전도 큐비트 1개를 만드는 과제를 시작했다. 처음에는 양자 컴퓨터가 아니었다. 지금은 큐비트를 여러 개 돌리고 양자 컴퓨터를 하겠다고 하지만, 그때는 그랬다. 그렇게 시작한 게 10년이 되었다. 정연욱 교수는 "나의 40대를 양자 컴퓨터를 만드는 데 갈아 넣었다."라고 말했다.

양자 컴퓨터의 성능은 큐비트 수와 정밀도 두 가지로 본다. 큐비트는 양자 컴퓨터의 기본 정보 단위다. 구글의 양자 컴퓨터는 큐비트 수가 53개다. 큐비트 수가 50개를 넘어서면 양자 컴퓨터의 능력이 현재 고전 컴퓨터 중에서 성능이 가장 뛰어난 슈퍼컴퓨터 메모리 수준으로 올라선다. 구글의 양자 컴퓨터가 양자 우월성을 돌파했다는 것은 그들이 가진 큐비트 수에서도 짐작할 수 있다. 큐비트 수가 60개가 되면 슈퍼컴퓨터보다 성능이 1,000배 이상 향상된다. 큐비트 수만 늘어서는 안 된다. 큐비트 1개의 질이 어떤가, 큐비트들이 서로 연결되었을 때 제대로 작동되느냐를 함께 봐야 한다.

정연욱 박사 팀은 한국 최고의 초전도 큐비트 연구 팀이라고 했다. 2012년쯤 첫 번째 큐비트를 돌렸다. 큐비트 2개를 연결해 양자 얽힘 상태를 구현한 게 2016년 혹은 2017년이다. 그리고 2018년과 2019년에는 큐비트 질을 높이기 위해 애썼다. 양자 컴퓨터의 무한한 가능성은 양자 물리학의 핵심 원칙인 양자 중첩과 양자 얽힘에서 나온다. 그러려면 결맞음(coherence) 상태가 유지되어야 한다. 정연욱 박사는 "결맞음 시간을 T1이라고 부르는데, 이걸 127마이크로초 유지하는 데 성공했다. 이는 세계적으로 자랑할 만한 수준이다."라고 말했다.

2019년 한국 연구 재단의 연구 과제를 따냈다. 이를 보면 연구의 진척 상황을 알 수 있다. 연구 재단 과제는 양자 컴퓨터를 작게라도 만들어 보라는 것이다. 큐비트 5개로 돌아가는 양자 컴퓨터를 3년 안에 만들고, 요구하는 정밀도를 달성해야 한다. 예를 들어 큐비트 1개일 때 신뢰도는 95퍼센트, 큐비트 2개일 때는 신뢰도 80퍼센트가 되어야 한다. 큐비트는 쓸 때뿐 아니라 읽을 때도 정확히 읽어 내야 한다. 양자 컴퓨터에 0 혹은 1을 쓸 때도, 그리고 읽어 낼 때도 에러가 발생하기 때문이다. 큐비트를 읽을 때의 신뢰도는 90퍼센트가 되어야 한다.

표준 과학 연구원은 내부적으로 또 다른 목표가 있다. 표준 과학 연구원은 정밀 측정 과학을 하는 곳이다. 때문에 연구원 내부에서 요구하는 정밀도 수준이 외부 과제보다 높다. 내부 목표는 큐비트 2~3개이고, 정밀도는 99.9퍼센트다. 정밀도는 몇 년 전에 99.6퍼센트를 달성했다. 구글의 현재 정밀도는 99.9퍼센트 이상인데 정연욱 박사 팀도 그렇게 가야 한다고 했다. "5개 큐비트를 가진 양자 컴퓨터는 양자 컴퓨터가 아니다. 이건 양자 컴퓨터를 하기 위한 장난감(toy) 기계이다."라고 말했다.

표준 과학 연구원은 대규모 양자 컴퓨터를 만들어 낼 수 있는 인력을 가진 곳이 아니다. 정연욱 박사 팀은 연구원 4명과 학생 5명으로 구성되어 있다. 이들은 양자 컴퓨터를 한다기보다는 현재로서는 그걸 하기 위한 원천 기술을 개발하는 것으로 보면 된다. "큐비트 수를 늘리려면 팀원을 늘려야 한다. 큐비트 2개당 박사 1명을 갈아 넣으면 된다. 물론 한국에는 이걸 할 수 있는 인력이 없다. 미국도 양자 스마트(quantum smart) 연구자가 별로 없다. 그러니 인력을 양성해야 한다. 그리고 시간이 지나 현재의 50큐비트가 100큐비트가 되면 양자 컴퓨터 개발에 이정표를 찍을 것 같다. 1,000큐비트 양자 컴퓨터는 될지 안 될지 모르겠다. 2030년, 2035년이면 결론이 나지 않겠느냐?" 그래서 그런지 그는 2020년 9월 성균관 대학교로 옮겼고, 양자 정보 연구 지원 센터 센터장으로 일하게 되었다.

3장 미세 자기장 측정하는 양자 센서 만든다

이동헌
고려 대학교 물리학과 교수

양자 컴퓨터 연구자인 줄 알고 찾아갔다. 2022년 4월에 만난 이동헌 고려 대학교 물리학과 교수는 "양자 컴퓨터도 하는데 양자 센싱(quantum sensing) 연구자라고 나를 표현하는 게 정확하다. 양자 센싱 및 양자 이미징(quantum imaging) 쪽에 집중하고 있다."라고 말했다.

양자 센싱이 무엇일까? 이 교수는 "물리학자들이 발견한 양자 효과를 실생활에 사용하려고 하며, 그걸 양자 기술이라고 한다. 양자 기술을 이용해 컴퓨팅을 하면 양자 컴퓨팅이고, 그걸로 멀리 보내면 양자 통신이고, 그걸로 정밀 측정을 하면 양자 센싱이다."라고 설명했다. 양자 효과는 양자 얽힘, 양자 중첩처럼 미시 세계에서만 나타나는 물리 현상을 가리킨다.

가령, 양자 컴퓨터에 사람들이 관심이 많은 것은 고전 컴퓨터보다 양자 컴퓨터가 훨씬 더 빨리 계산할 수 있기 때문이다. 고전 컴퓨터는 우리가 사용하는 컴퓨터를 가리킨다. 성능이 가장 뛰어난 슈퍼컴퓨터도 고전 컴퓨터에 들어간다. 이 교수는 "양자 센서는 아주 작은 신호도 정밀하게 측정할 수 있다. 고전적인 센서는 표준 양자 한계 이하의 작은 신호는 측정하지 못한다. 아무리 잘 만들어도 어떤 한계선 이하의 신호는 측정 못 한다. 하지만 양자 센서를 이용하면 그보다 작은 신호도 측정할 수 있다."라고 말했다.

한국에 양자 기술 연구자가 얼마나 될까? 아직은 많지 않다. 박사급 연구자를 보면 수십 명도 안 된다. 대학교마다 한두 사람 있는 정도다. 서울 대학교는 양자 컴퓨터 쪽이 더 많다. 물리학부 김도헌 교수는 실험을 하고, 정현석 교수는 이론을 하며, 컴퓨터 공학부 김태현 교수는 이온 포획 방식을 연구한다. 부산 대학교 문한섭 교수는 원자 기반 양자 센싱 기술 연구자다.

양자 기술은 종류가 많다. 이동헌 교수가 슬라이드 자료를 보여 줬다. "양자 센서의 종류"에 초전도 회로, 이온과 원자, 양자 점(quantum dot), NV 결함(nitrogen-vacancy defects), 광자가 있다고 되어 있다. 이것을 이용해서 측정할 수 있는 물리량에는 시간, 중력, 각운동량, 전기장, 온도, 운동과 변형(motion and strain), 자기장이 있다. 이동헌 교수가 사용하는 양자 기술은 '다이아몬드 NV 결함'이다. NV 결함을 이용해서 그가 주로 측정하고자 하는 것은 아주 작은 자기장 신호다. 자기장 세기 말고도 온도, 전기장, 역학적 변형을 측정한다. 또 공간에 대해 양자 측정을 하면 공간의 자기장 분포를 알 수 있다. 자기장이라는 물리량이 공간 위치에 따라 변하는 것을 정확하게 측정하는 이미지를 얻게 된다.

이동헌 교수는 "뇌의 자기장을 양자 측정할 수도 있다. 뇌에서는 아주 미세한 자기장이 많이 나온다."라고 말했다. 아 그렇구나. 뇌에서는 신경 세포, 즉 뉴런들 사이로 전기 신호가 이동한다. 뉴런들은 전기 신호로 대화를 한다. 전기의 변화가 있으면 자기장이 생기겠다. 이 신호는 아주 약하다. 이동헌 교수 말이다. "이걸 이용하면 수술을 하지 않고도 뇌에서 무슨 일이 일어나고 있는지를 측정할 수 있다. 사람들이 관심 있는 건, 헬멧형 장비를 갖고 자기장을 측정함으로써 뇌 활동을 알아내는 거다. 아직 갈 길이 멀기는 하나, 개발자는 그쪽을 보고 가고 있다. 이거 말고도 미세 자기장을 측정하는 양자 센서 기술을 확보하면 응용할 분야는 많을 것으로 보고 있다. 최근 5년 양자 센싱 활용 연구가 매우 활발히 이뤄지고 있다."

NV 결함 기술은 무엇일까? 그렇지 않아도 궁금했다. 이동헌 교수 실험실 이름은 '양자 결함(quantum defects) 연구실'이다. 이 교수를 만나러 가기 전에 그의 연구실 웹 사이트를 찾아봤는데, 'defects'라는 단어를 보고 갸우뚱했다. '결함'이 뭔지 상상하지 못했다. 이 교수가 보여 준 슬라이드에 개념이 나와 있다. 다이아몬드 그림이 있고, 그 속을 확대해서 보여 주는 이미지다. 다이아몬드는 알다시피 탄소 원자들의 결정이다. 고체다. 탄소 원자가 수없이 많이 들어 있다. 탄소 원자로만 결정이 만들어진 고순도 다이아몬드는 투명하며 사람들은 이런 것을 좋아한다. 가격도 비싸다. 슬라이드 속 다이아몬드 그림 속에는 'N'과 'V'라는 글자가 보인다. 탄소 원자가 있어야 할 자리를 이 글자들이 차지하고 있다. N은 질소(nitrogen)를, V는 빈 자리(vacancy)

　　　　　　　　　　3장 미세 자기장 측정하는 양자 센서 만든다

를 뜻한다. 탄소가 아니라 질소 원자가 다이아몬드 결정 안에 들어가 있으니 불순물이다. 결함이다. 그리고 V, 즉 빈 자리가 질소 원자 바로 옆에 있다. 탄소 원자가 있어야 하는 자리인데 공란으로 있다. 그래서 이 2개가 만드는 게 NV 결함이다.

이동헌 교수는 "불순물, 즉 결함이 있으면 원래는 좋지 않다. 결정에서 원자가 빠진 자리가 있거나 이물질이 들어와 있으면 반도체나 물질의 성능을 떨어뜨려 보통은 안 좋다."라고 말했다. 연구자는 그런 결함을 없애고 싶어 한다. 다이아몬드 결정에 불순물, 즉 결함이 많으면 색깔을 띤다. 결함을 보통 '색 중심(color center)'이라고 한다. 응집 물질 물리학 연구자들이 불순물을 없애기 위해 결정 안의 불순물을 제거하는 연구를 했다. 불순물 원자를 하나하나 제거하려고 시도했고, 원자를 하나씩 들여다볼 수 있는 수준이 되었을 때, 다이아몬드 불순물 원자에서 기대하지 못했던 것을 보았다. 양자 현상이 보였다. 이 교수 말을 들어 본다.

"일반적으로 양자 상태는 오래가지 않는다. 측정하려면 양자 상태가 깨진다. 초저온이 아니면 양자 상태 유지가 쉽지 않다. 그런데 다이아몬드 고체 결정 안에 있는 '결함'에서 물질 연구자들이 양자 상태를 보았다. 생각해 보라. 결정은 큰 덩어리다. 원자 하나 크기에서 나타나는 게 양자 특성이고, 그런 걸 이용한 게 양자 컴퓨팅이고 양자 센싱이다. 그런데 다이아몬드라는 고체 안에 있으면서, 즉 탄소 원자들이라는 군집으로 둘러싸여 있으면서도 이 결함들은 독립적인 하나의 원자인 것처럼 행동한다. 원래는 원자 하나를 다루려면 진공에서 레이저를 갖고 힘들게 제어한다. 다이아몬드 결함은 레이저로 진공에 가둔 것도 아니다. 그냥 고체 격자 안에 갇혀 있다. 레이저를 쏴 줄 필요도 없으니 다루기 쉽다. 격자 안에 박혀 있는 고체니 깎기도 편하다. 또 NV 결함은 상온에서 양자 현상을 보인다는 장점을 갖고 있다. 초저온 냉동기가 필요 없다. 이런 특징을 갖고 있는 NV 결함이라는 양자 현상을 양자 컴퓨터, 양자 센싱, 양자 통신에 이용하려는 거다."

다이아몬드 NV 결함이 양자 현상을 보인다는 것은 1980년대 독일 슈투트가르트 대학교 연구자 외르크 브라히트루프(Jörg Wrachtrup)가 발견했다. 이후 많은 연구자가 여러 특성을 추가로 알아냈다. 최근에는 다이아몬드 말고도 양자 현상을 보이는 다른 후보 물질도 조금씩 나오고 있다.

다이아몬드 NV 결함에 사용하기 위해서는 만들 줄 알아야 한다. 인공 다이아몬드에 질소 원자들을 에너지를 가해서 쏴 준다. 쏴 주는 장치는 '이온 주입기'다. 수 킬로볼트 이상의 높은 전압을 걸어 준다. 에너지가 높으면 다이아몬드 결정 안에 깊이 박히고, 에너지가 낮으면 적게 들어간다. 질소 몇 개를 박아 넣을 것이냐, 어느 위치에 집어넣을 것이냐를 제어하는 기술이 요즘은 많이 향상되었다. 단위 면적당 어느 정도의 밀도로 쏠 거냐를 정하면 질소 원자들이 수 마이크로미터마다 하나씩 탄소를 밀어내고 그 자리에 들어간다.

다이아몬드 결정 안으로 질소 원자를 쏘아 넣는 것은 알겠다. 빈자리(V)는 또 어떻게 생기는 것일까? 이 교수는 "질소 원자가 탄소를 밀쳐 내며 결정 안으로 들어간다. 질소가 들어가는 경로 위에 자연스럽게 빈 자리가 생긴다. 섭씨 800도 이상에서 다이아몬드를 가열하면 빈 자리가 이동한다. 그러다가 질소와 빈 자리가 나란히 자리 잡는 NV 결함이 생긴다. 질소 100개를 넣으면 10개 미만의 NV 결함이 생긴다."라고 말했다.

다이아몬드 NV 결함이 생기는 원리를 알았다. 이것을 어떻게 사용하는 것일까? 주사 현미경 팁침 끝에 1개의 'NV 결함'을 단다. 그러면 이게 나노미터 수준에서 움직일 수 있는 현미경이자 자기장 센서가 된다. 제만 효과(Zeeman effect)라는 게 있다. 외부에서 자기장을 걸어 주면 물질 내부에 있는 전자의 스핀(spin)이라는 물리량에 변화가 온다. 그 변화량을 확인하면 거꾸로 외부 자기장 크기를 알 수 있다. 자기장 센서로 사용할 수 있게 되는 것이다. 이동헌 교수는 "빛을 쏘면 NV 결함이 빛을 흡수했다가 다시 방출한다. 간단하게 자기장 크기를 확인하는 방법은 나오는 빛이 밝은지, 어두운지를 보는 것이다. 그러면 외부 자기장 상태를 읽어 들일 수 있다."라고 말했다.

주사 현미경이 아니라 CCD 카메라로 표면을 한꺼번에 촬영할 수도 있다. NV 결함 1개를 이용하는 게 아니라, 다이아몬드 표면 아래쪽으로 NV 결함들이 쫙 깔리게 만든다. 사각형의 다이아몬드 표면 아래쪽으로 NV 결함이 층을 이루면서 깔려 있게 만들 수 있다. 그러면 보고 싶은 자성 물질 표면을 한 번에 볼 수 있다. NV 결함 1개를 사용한 주사 현미경의 분해능이 나노미터였다면 카메라 촬영은 그보다 1000분의 1 정도 해상도가 떨어지는 마이크로미터 수준이다.

하지만 이미지를 빠르게 촬영할 수 있다. 주사 현미경을 쓰면 시간이 1~2시간 걸리나 카메라로 촬영하면 단번에 끝난다. 가령, 막대 자석과 같은 느낌의 나노 선(nano wire)에서 나오는 자기장을 이런 식으로 촬영할 수 있다.

이동헌 교수는 어떤 연구를 해 왔기에 양자 센싱 분야를 개척하고 있는 것일까? 그는 포항 공과 대학교 96학번이다. 학부를 마치고 2003년 미국 오하이오 주 콜럼버스 시에 있는 오하이오 주립 대학교로 유학 갔다. 지도 교수는 제이 굽타(Jay A. Gupta) 박사. 굽타 박사는 응집 물질 물리학자다. 이동헌 교수는 응집 물질 물리학을 공부하게 된 이유에 대해 "응집 물질이 물리학에서 가장 큰 분야 중 하나다. 그리고 재미있을 거라고 생각했다."라고 말했다.

굽타 박사는 젊은 교수였다. 이동헌 교수는 그의 두 번째 학생이었다. 그리고 유학 간 지 7년이 지난 2010년에 첫 논문을 썼다. 그간 논문 한 편 내지 않았는데 박사 학위 첫 논문이 《사이언스(Science)》에 게재됐다. 주사 터널링 현미경(scanning tunneling microscope, STM)을 갖고 물질에서 불순물을 하나씩 없애는 연구를 했다. 원자 하나하나를 직접 봐야 하기 때문에 어려운 실험이었다. 불순물을 싹 없애고 원자 본연의 특성을 보겠다는 게 목표였다. 그런데 불순물인 원자 하나의 특성을 분석하고 제어하다 보니, 원자 낱개를 제어할 수 있게 되었다. 그리고 보려고 했던 원자의 특성이 바뀌는 것을 확인했다. 불순물도 개별 통제할 수 있으면 그동안 못하던 일을 할 수 있겠다는 판단이 섰다.

콜롬버스에서는 주사 터널 현미경을 직접 제작했다. 지금이야 상용 제품을 5억 원에서 10억 원 주면 살 수 있으나, 당시만 해도 특별한 연구 목적에 필요한 상용 장비가 거의 없었다. 또 굽타 교수와 이동헌 당시 박사 과정 학생이 원하는 실험을 위해서는 자체 제작을 해야 했다. 고진공 세팅과 저온 세팅, 전자 장치까지 모든 것을 직접 만들어야 했다. 처음 4~5년은 장비를 만들고 테스트하고 개선하는 일을 반복했다. 정밀 측정 분야는 논문이 쉽게 나오지 않는다. 지도 교수인 굽타 박사도 교수가 되기 선 IBM에서 일할 때 논문을 한 편 내는 데 수년이 걸렸다. 쉽게 논문을 내는 다른 분야와는 좀 달랐다.

이때는 다이아몬드를 갖고 한 게 아니고 반도체 소재 중 하나인 갈륨비소(GaAs)로 했다. 갈륨비소는 갈륨과 비소의 화합물이다. 갈륨비소에 자성을 띠는 원자인 망가니즈(Mn, 망간)가 불순물로 들어간 물질의 2차원 표면을 갖고 연구했다. 주사 터널링 현미경은 뾰족한 탐침을 갖고 있다. 탐침 끝에서 1볼트 전류를 흘려 1나노미터 떨어진 2차원 표면 내 갈륨 원자를 향하도록 했다. 갈륨 원자에 번개가 떨어지는 것이다. 갈륨 원자가 그 번개를 맞으면 2차원 평면에서 옆으로 밀려날 수 있다. 그러면 그 옆에 있던 빈 자리, 즉 V도 떠밀려 자리를 옮긴다. 망가니즈 입장에서 보면 V가 더 멀어진다. 망가니즈는 자성 물질이기에 V가 내는 전기장을 느낀다. V는 빈 자리인데, 원자가 있으면 중성이나, 없으니 전기를 띤다. V가 멀어져 가면 전기장이 약해지는 것을 망가니즈는 느낀다. 다시 말하면 갈륨 원자에 번개가 떨어지게 해서 망가니즈 원자가 느끼는 V 전기장의 미세한 변화를 측정했다. 이게《사이언스》논문이다.

이후 대상을 달리한 연구가 논문 4, 5편으로 줄줄이 나왔다. 논문들은 콜롬버스를 떠나, 그가 첫 번째 박사 후 연구원으로 일한 예일 대학교 잭 해리스(Jack Harris) 교수 연구실에 있을 때 출판됐다. 잭 해리스 교수는 양자 광학자다. 해리스 교수는 원자 수십억 개가 모인 고체에서 양자 현상을 보려고 했다. 아원자 입자에서 나타나는 양자 현상이 거시적인 물체에서도 나타나는지 확인하려고 한 것이다. 일종의 거대한 슈뢰딩거 고양이를 만드는 게 목표였다. 이동헌 박사는 이 해리스 교수의 연구실에서 양자 광학을 잘 배웠다. 그런데 무려 4년을 머물렀다. 박사 후 연구원으로는 보통 2년 정도 있는데, 예일에서의 기간이 길어진 것은 초정밀 실험 장치를 또 만들었기 때문이다. 거시 물체에서 양자 현상을 보기 위해서 필수적인 실험 장치이기 때문에 인내심을 갖고 좋은 실험 장치를 구축했다. 나중에 들으니 이 교수가 예일을 떠난 이후에도 8년이 지나도록 손볼 필요가 없을 정도로 안정적으로 작동했다.

그리고 캘리포니아 주립 대학교 샌타바버라 캠퍼스로 갔다. 두 번째 박사 후 연구원 생활이다. 이곳에서 그는 다이아몬드 NV 결함 연구를 시작했다. 고체 물리학으로 박사를 했고, 첫 번째 박사 후 연구원 시절 양자 광학을 배웠고, 이제 그 둘이 만나는 교집합이 다이아몬드 NV 결함이다. 당시 보스는 애니아 자이치(Annia Jayich) 박사였다.

2016년 고려 대학교 물리학과 교수가 되었다. 미국에서 만들었던 장비를 고려 대학교 아산 이학관 지하 실험실에 구축했다. 그리고 장비를 제작하고 테스트하면서 논문을 냈다. 자기장 센싱 연구 결과들을 각 분야 최고의 학술지《ACS 나노(*ACS Nano*)》,《어드밴스드 머티리얼스(*Advanced Materials*)》,《나노포토닉스(*Nanophotonics*)》,《나노테크놀로지(*Nanotechnology*)》등에 냈다.

그리고 교수가 된 지 6년이 지난 지금 새로운 연구 성과를 수확하고 있다. 실험 장비 세팅과 실험 기간을 지나 최근 좋은 결과들을 얻어내고 있다고 이 교수는 생각한다. 그는 "최근 연구 성과가 5~6개 이상 된다. 좋은 저널에 논문을 낼 수 있을 걸로 기대한다."라고 말했다. 기존의 기술로 쉽게 볼 수 없었던 2차원 물질의 자성 특성을 볼 수 있게 된 게 성과 중 하나다. 응용 연구도 그의 관심사다. 휴대용 자기장 센서가 그중 하나다. 미세한 자기장 센서는 산업, 의료, 국방 분야에서도 사용 가능하다. 예컨대 드론에 실어 지뢰 탐지용으로 투입될 수 있다.

4장 　슈뢰딩거 고양이를 진짜로 만들 수 있을까?

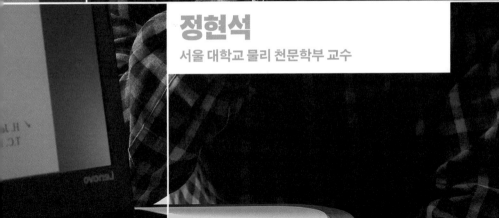

정현석

서울 대학교 물리 천문학부 교수

정현석 서울 대학교 물리 천문학부 교수의 연구실 책장에는 에른스트 페터 피셔(Ernst Peter Fischer)의 『슈뢰딩거의 고양이(*Schrödingers Katze auf dem Mandelbrotbaum*)』(박규호 옮김, 2009년)라는 제목의 책이 꽂혀 있었다. 그는 양자 광학 및 양자 정보학 연구자다. 이 책을 봤을 때 '아차, 읽고 왔어야 했다.'라는 생각이 들었다. 아니나 다를까. 정현석 교수는 이후 슈뢰딩거 고양이 이야기를 여러 번 했다.

미시 세계에는 거시 세계에서는 보지 못하는 특별한 물리 현상이 일어난다. 양자 중첩, 양자 얽힘, 양자 거시성, 비(非)고전성이다. 정현석 교수는 "이 같은 양자 성질들 사이의 관계가 완전하게 규명되지 않았다. 무엇이 무엇에 포함되고, 어떻게 다른지 계속 연구하고 있다."라면서 "나의 연구 방향은 이런 양자 성질들 사이의 관계를 규명하고 통합적으로 이해하는 것."이라고 말했다. 양자 성질은 양자 컴퓨터와 양자 통신, 양자 센서 등 정보 처리를 위한 자원이 된다. 그래

4장 슈뢰딩거 고양이를 진짜로 만들 수 있을까?

서 양자 성질을 이해하고, 정량화하는 방법을 찾는 게 중요하다. 이런 연구 영역이 양자 정보학이다. 정현석 교수는 양자 광학으로 연구를 시작했고, 지금은 양자 정보학 연구자로 더 알려져 있다.

정현석 교수가 "양자 성질이라고 할까, 양자 역학의 근본적인 부분을 먼저 말하겠다."라며 설명을 시작했다. "고전적인 물리계와 양자 물리계는 다른 성질을 갖고 있다. 사람들이 양자 역학의 필요성을 못 느낀 건, 거시 세계에 살기 때문이다. 미시 세계의 일을 설명할 필요를 적게 느꼈다. 고전 물리학으로 대부분 물리 현상은 설명이 가능했다. 그런데 분광학을 통해 원자의 빛 스펙트럼을 관측하게 되면서 미시 세계에서 일어나는 일이 거시 세계와 너무 다르다는 걸 알게 되었다. 미시 세계에는 신비스럽고, 고전적인 물리학으로 설명할 수 없는 현상이 있었다. 그런 걸 일관되게 설명하기 위해 양자 역학이 필요로 하게 되었다. 양자 세계의 대표적인 현상 중 하나가 양자 중첩이다."

정현석 교수는 "공이 빨간색이면서 파란색인 2개의 사건이 동시에 존재하는 것과 같은 현상이 일어난다. 이런 통계적인 효과를 어떻게 올바르게 해석해야 할지를 물리학자는 모르고 있다."라고 말했다.

양자 중첩은 원자 수준에서는 쉽게 통제할 수 있다. 하지만 거시적인 영역으로 양자 중첩을 끌어내는 것은 어렵다. 우리가 눈으로 볼 수 있는 크기의 물체는 두 가지 상태가 동시에 존재하는 양자 중첩 현상을 보이지 않는다. 정현석 교수는 "오스트리아 물리학자 에르빈 슈뢰딩거(Erwin Schrödinger, 1933년 노벨 물리학상 수상)는 미시 세계의 물리 현상 해석을 고양이와 같은 거시적인 물체에 적용했을 때 물리학자들이 직면했던 당혹스러움을 1935년 '슈뢰딩거의 고양이' 사고 실험을 통해 지적했다. 그럼으로써 그는 양자 물리학 법칙을 어느 정도까지의 거시 세계에 적용할 수 있느냐 하는 숙제를 남겼다."라고 말했다.

슈뢰딩거의 고양이 실험은 사고 실험이다. 실제로 하는 게 아니라, 머릿속으로 하는 실험이다. 실험은 이렇다. 고양이 한 마리가 철제 상자 안에 들어 있다. 상자 안에는 청산가리가 든 유리병, 소량의 우라늄, 가이거 계수기, 망치도 들어 있다. 방사성 물질인 우라늄의 원자핵이 붕괴되면 방사선이 나오고, 방사능 측정 장비인 가이거 계수기가 그것을 감지한다. 그러면 가이거 계수기에 연결된 망치가 내려가 청산가리가 든 플라스크를 깬다. 독극물인 청산가리를 상자 안에 있던 고양이가 들이마시면 죽는다. 1시간 후 우라늄이 붕괴될 확률은 50퍼센트로 맞춰져 있다. 우라늄 원자핵 1개가 1시간 뒤에 붕괴될 수도 있고 아닐 수도 있다. 실험을 시작하고 1시간이 지났을 때 상자 안의 고양이는 살아 있을까, 죽었을까? 코펜하겐 해석을 주도한 닐스 보어(Niels Bohr)에 따르면 상자를 열어 보는 관측 행위를 하면 고양이 생사가 결정된다. 그리고 관측 전에는 고양이가 죽었을 수도 있고, 살아 있을 수도 있다.

고양이는 거시 세계에 속해 있다. 거시 세계에 사는 동물이 미시 세계에서 일어나는 확률 법칙에 따라 생과 사가 중첩되어 있다니, 이게 말이 되는가? 황당하다. 슈뢰딩거는 확률의 물리학이라는 양자 역학 해석에 구멍이 있음을 보여 주려고 했다. 그러나 슈뢰딩거의 고양이 역설은 시간이 지나면서 양자 세계의 확률적인 특징을 잘 보여 주는 사고 실험으로 되레 유명해졌다.

정현석 교수는 "양자 중첩과 같은 양자 효과를 거시 세계에서 구현해 보려고 하는 데는 두 가지 의미가 있다."라고 말했다. 양자 역학의 근본적인 검증이 그 첫 번째다. 양자 중첩과 같은 신비로운 양자 역학 원리가 어떤 규모까지 적용될 수 있는 이론인가 하는 문제다. 코펜하겐 해석의 창시자들은 양자 역학을 원자, 전자 등과 같은 미시 세계에 적용되는 이론일 뿐, 거시 세계에는 적용되지 않는 것으로 보았다. 그러나 미시 세계와 거시 세계를 나누는 지점이 정확히 어디인지에 대해서는 분명한 답을 제시하지는 못했다.

시간이 지나면서 사람들은 거시 세계로 가면 양자 효과가 나타나지 않는 이유를 이해하게 됐다. 결어긋남(decoherence)이 대표적인 원인으로 지적됐다. 결어긋남은 파동의 간섭 무늬를 통해 확인할 수 있다. 파동들의 결이 맞으면 간섭 무늬가 뚜렷하게 만들어지나, 결이 맞지 않으면 희미해지거나 아예 나타나지 않는다. 양자 결어긋남 때문에 거시적인 양자 중첩을 만들기도 어렵고, 만든다고 해도 빠른 시간 안에 사라진다. 주변 환경과의 상호 작용이 양자 결어긋남의 원인이다. 그런데도 물리학자들은 양자 결어긋남, 그리고 잡음을 극복하고 양자 중첩 효과를 거시 세계로 끄집어내려고 노력해 왔다. 정현석 교수의 연구는 이런 노력에 닿아 있다. 그는 빛을 이용한 슈뢰딩거 고양이를 만들기를 했다. 2007년 학술지 《네이처》에 실린 프랑스 실험 그룹과의 공동 연구가 그렇다.

정현석 교수는 영국 북아일랜드 도시 벨파스트의 퀸스 대학교에서 2003년 박사 학위를 받았고, 이후 박사 후 연구원으로 오스트레일리아 브리즈번에 있는 퀸즐랜드 대학교에서 일했다. 슈뢰딩거 고양이라는 거시적인 양자 중첩 현상을 빛으로 만들면, 이를 이용해 효율적인 양자 컴퓨터를 만들 수 있다는 게 그의 박사 학위 연구 주제다. 박사 학위 연구 내용을 학회에서 발표할 때면 "재밌는 주제다. 그런데 그걸 어떻게 실제 만들 수 있느냐?"라는 질문을 사람들로부터 들었다. 그래서 그는 '빛을 이용한 슈뢰딩거 고양이' 상태를 만드는 문제에 관해 많이 생각했다.

오스트레일리아 퀸즐랜드 대학교에서의 박사 후 연구원 시절 해외 학회에 갔다가 동료 연구자의 이야기를 듣고 아이디어가 떠올랐다. 광자를 갖고 슈뢰딩거 고양이라는 거시 양자 중첩 현상을 구현할 수 있을 것 같았다. 이론이 옳은지를 확인하기 위해 이런 실험을 해 보면 된다고 실험가에게 제안하는 게 이론가의 일 중 하나다. 아이디어를 정리해 평소 알고 있던 프랑스의 실험 물리학자 필리프 그란지에(Philippe Grangier) 교수에게 보냈다.

파리-사클레 대학교의 양자 광학자 그란지에는 그의 아이디어를 실험으로 구현했다. 실험을 마무리하는 데 6개월 정도 걸렸다. 정현석 교수는 "필리프가 보내온 실험 데이터를 보자마자 내가 이론으로 예상했던 것과 일치한다는 것을 알 수 있었다. 즐거운 순간이었다."라고 말했다.

정현석 교수는 "거시적인 양자 중첩 연구의 또 한 가지 측면이 있다."라고 말했다. 그는 "거시적인 양자 중첩은 '양자 정보 처리'라는

4장 슈뢰딩거 고양이를 진짜로 만들 수 있을까?

응용에 중요하다. 양자 컴퓨터는 거시적인 양자 중첩 시스템이라고 할 수 있다. 큐비트 여러 개를 양자 중첩 상태로 있게 해서 다루는 게 양자 컴퓨터다."라고 말했다.

개별적인 양자계를 잘 제어할 수 있게 된 것은 한 세대 전 사람들의 공로다. 미국의 데이비드 와인랜드와 프랑스의 세르주 아로슈는 큐비트 하나하나를 잘 제어할 수 있는 기술을 발전시켜 2012년 노벨 물리학상을 받았다. 정현석 교수는 "나는 하나의 광자나 원자를 넘어서, 여러 개의 양자계를 결맞게 만들어 내고 제어하는 문제가 중요하다고 생각했다."라고 말했다. 2010년 한국 연구 재단의 창의 연구 과제를 시작하면서 만든 그룹 이름을 거시 양자 제어 연구단(Center for Macroscopic Quantum Control)이라고 했다.

정현석 교수도 그렇고 다른 물리학자들도 이때를 전후해서 '거시적인 슈뢰딩거 고양이'를 만들어 냈다는 논문을 쓰기 시작했다. 원자, 전자보다 크기가 큰 분자, 예를 들면 원자 60개를 가진 탄소 분자로 이중 슬릿 실험을 한 오스트리아 안톤 차일링거(Anton Zeilinger) 그룹의 1999년 연구가 유명하다. 차일링거 그룹은 탄소를 갖고 한 이중 슬릿 실험에서 간섭 무늬를 관찰했다. 전자로 했을 때보다 간섭 무늬는 좀 흐리게 나왔다. 탄소 분자는 전자나 광자에 비하면 매우 크다. 그런데도 거시적인 계에서 양자 간섭을 어느 정도 관측한 것이다.

초유체(superfluid) 연구로 2003년 노벨 물리학상을 받은 미국 물리학자 앤서니 레깃(Anthony Leggett)은 양자 성질을 시험하는 데도 관심이 많다. 앤서니 레깃이 "양자 거시성을 만들었다는데, 얼마나 거시적인 양자 상태인가?"라는 질문을 2002년에 던진 바 있다. 앤서니 레깃은 영국 학술지 《저널 오브 피직스: 응집 물질(*Journal of Physics: Condensed Matter*)》에서 쓴 글에서 양자 상태를 직관적으로 잘 정의하고 일반적인 정량화 척도를 만드는 것은 쉽지 않다는 식으로 말했다. 정현석 교수는 이 논문이 나온 뒤 레깃 교수와 이메일을 주고받은 적이 있다. 레깃 교수는 정 교수에게 쓴 이메일에서 "사람들은 흔히 거시적인 양자 중첩에 대해 혼동한다. 그래서 그 논문을 썼다."라며 자신의 견해를 재강조했다.

정현석 교수는 이러한 회의적인 시선을 극복하고 2011년 돌파구를 마련했다. 그는 어느 정도 일반적이고 광범위한 양자 상태에 적용할 수 있는 거시 양자 중첩의 정량화 척도를 제안했다. 주어진 양자 상태가 슈뢰딩거 고양이처럼 얼마나 거시적 양자 중첩인가 말할 수 있게 하는 기준을 만들었다. 논문 제목은 「위상 공간 내 거시 양자 중첩의 정량화(Quantification of macroscopic quantum superpositions within phase space)」다. 《피지컬 리뷰 레터스》에 실렸다. 정현석 교수는 "미시적인 양자 중첩에서 어느 정도나 벗어나 있는 거시적인 효과인가를 판단할 수 있는 정량화 도구가 필요했고 이를 학계에 제공했다. 이 논문이 이쪽 연구 토픽을 상당히 열었다고 생각한다."라고 말했다.

그는 2008년 서울대 교수가 되었다. 이듬해인 2009년 《피지컬 리뷰 레터스》에 쓴 논문이 있다. 정현석 교수는 "결어긋남뿐 아니라 측정 장치의 불확정성 때문에 양자 세계가 고전 세계로 바뀐다. 많은 양자 현상이 고전적인 현상처럼 바뀌는 이유를 이걸로 설명했다. 결어긋남을 보완할 수 있는 연구라고 할 수 있다. 이 연구는 거시 양자 제어의 틀 안에 들어간다. 이 논문과, 바로 앞에서 언급한 2011년 《피지컬 리뷰 레터스》 논문 2편은 근본적인 양자 성질을 알기 위한 연구였다."라고 말했다.

정현석 교수는 서강 대학교 물리학과 90학번이다. 서강 대학교에서 석사까지 마치고 북아일랜드로 유학을 갔다. 남들이 가지 않는 북아일랜드로 떠난 것은 지도 교수가 벨파스트 퀸스 대학교로 옮겨 갔기 때문이다. 김명식 교수를 따라 그는 정말 멀리 갔다. 벨파스트에서 3년 후인 2003년 박사 학위를 받았다. 정현석 교수는 "그때 나의 지도 교수들은 어딘가로 떠났다."라며 웃었다. 석사 때 그의 첫 번째 지도 교수는 지금은 서울대에 있는 유재준 교수다. 유재준 교수가 서강대를 떠난 뒤에 만난 게 김명식 교수다. 김명식 교수는 아직도 벨파스트에 있는지 궁금했다. 런던 임페리얼 칼리지로 옮겼다고 했다.

정현석 박사는 벨파스트에서 박사 학위를 받고, 적도 넘어 남반구에 있는 오스트레일리아로 갔다. 2003년 말부터 2008년까지 4년 넘게 박사 후 연구원 등으로 일했다. 브리즈번은 해변이 아름다운 골드코스트에 접해 있다. 이곳에서 2006년 《피지컬 리뷰 레터스》에 처음 논문을 발표했다. 역시 슈뢰딩거 고양이 관련 연구다.

정현석 교수가 보기에 슈뢰딩거가 이야기하지 않은 게 있었다. "첫 번째는 슈뢰딩거 고양이 상태를 실제로 만들 수 있다는 제안이었다. 둘째는 슈뢰딩거가 고양이를 상자에 집어넣기까지 고양이의 히스토리(history)를 감안하지 않았다. 물체는 환경과 끊임없이 상호 작용하며 양자 얽힘 상태에 있다. 우리는 양자 얽힘에서 자유롭지 않다. 나는 '슈뢰딩거가 상자에 집어넣을 때 고양이는 어땠을까? 환경과의 양자 얽힘이라는 히스토리에서 벗어나 있는 순수한 상태였을까?'를 물었다." 정현석 교수는 순수 상태가 아닌 환경과 상호 작용을 해 온 고양이를 집어넣으면 어떻게 될까 하는 질문을 던진 것이다. 그리고 그가 찾은 답은 고양이가 살아 있을 수도, 죽어 있을 수도 있는 양자 중첩이 여전히 일어난다는 것이었다.

그는 빛의 비(非)고전성을 연구했다. 또 다른 양자 성질이다. 그는 자신의 연구 이야기를 시작하면서 빛의 비고전성이 양자 성질 중의 하나라고 말한 바 있다. 양자 물리학이 발전하면서 물리학자들은 광학에도 양자 역학 이론이 필요하다는 것을 깨달았다. 고전 광학을 넘어서는 새로운 광학 이론을 개발해야 했다. 로이 글라우버(Roy Glauber)는 양자 광학 이론을 초기에 정립한 공로로 2005년 노벨 물리학상을 받았다. 정현석 교수는 2017년 자신이 《피지컬 리뷰 레터스》에 낸 양자 광학 관련 논문이 "중요한 기여라고 생각한다."라고 말했다. 논문 제목은 「결맞음 상태 간의 결맞음 정량화하기(Quantifying the coherence between coherent states)」이다.

정현석 교수는 "로이 글라우버의 빛의 비고전성 이론은 양자 광학의 오래된 전통에서 나왔다. 그리고 독일 울름 대학교의 마르틴 플레니오(Martin Plenio)가 내놓은 결맞음 이론이 있는데, 이 이론은 현대적인 양자 정보 이론의 맥락에서 나왔다. 나는 이 두 가지가 다른 게 아니었음을 보였다. 그러면서 비고전적인 빛을 정량화할 수 있는 길을 열었다. 그 후로 계속 이 분야에서 논문을 냈다."라고 말했다. 내용을 전달하기 쉽지 않아 더 이상의 설명은 하지 않기로 한다.

정현석 교수의 연구 중 가장 주목을 받은 것은 2014년 학술지《네이처 포토닉스(*Nature Photonics*)》에 실린 「하이브리드 양자 얽힘 생성(Generation of hybrid entanglement of light)」이다. 양자 얽힘은 입자 2개가 양자적으로 얽혀 있는 것을 말한다. 하나의 계에 있던 두 전자의 스핀은 떨어져 있는 거리와 상관없이 얽혀 있다. 한 전자가 스핀 방향이 '위'라는 것을 관측으로 알아냈다고 하자. 이 전자와 얽힘 상태인 다른 전자의 스핀 방향은 볼 것도 없이 '아래'다. 얽힘에 따라 한 전자의 스핀 방향이 정해지면 다른 전자의 스핀 방향도 정해지는 것이다.

"슈뢰딩거 고양이 상태는 원래 미시 상태와 거시 상태의 양자 얽힘을 보여 준다. 나는 '하이브리드 양자 얽힘(quantum hyperentanglement)' 실험에서 미시 상태의 빛과 거시 상태의 빛의 얽힘을 만들었다." 이 실험에서 미시 상태 빛은 광자 1개이고, 거시 상태 빛은 파동과 같은 고전적인 빛이다. 2개의 다른 상태로 하이브리드 양자 얽힘을 만들면 양자 역학을 위한 근본적인 검증 도구가 될 수 있다. 또한 성질이 다른 빛들의 장점을 동시에 이용해 양자 컴퓨팅과 양자 통신의 효율을 높일 수 있다. 단일 광자 간섭계를 이용하면 이런 상태를 구현할 수 있다는 아이디어가 연구의 돌파구였다.

'하이브리드 양자 얽힘' 연구는 이탈리아 국립 광학 연구소의 실험 양자 광학자인 마르코 벨리니(Marco Bellini)와 함께했다. 정현석 교수는 이론과 실험 장치를 설계하고, 벨리니 박사는 이를 실험실에서 구현하고 확인했다. 정현석 교수는 "서로 성질이 다른 빛 간의 양자 얽힘을 최초로 만들어 냈다. 지향하는 다음 단계는 효율적인 양자 정보 처리다."라고 말했다.

　그는 설명을 쉽게 이해하지 못하는 내게 "양자 얽힘과 양자 중첩을 잘 이해하면 된다."라고 말해 줬다. 리처드 파인만(Richard P. Feynman)은 양자 역학을 이해한다고 말하는 사람은 양자 역학을 이해하지 못한 것이라는 말을 남겼다. 이 말을 위안 삼아야 했다.

5장　원자를 이용해
얽힌 광자를 만든다

김윤호

포항 공과 대학교 물리학과 교수

김윤호 포항 공과 대학교 물리학과 교수에게 만나고 싶다고 연락을 했다. 그는 이메일 답장에서 "연구년을 맞아 일본 교토에 와 있다. 취재는 좋다. 스카이프 화상 통화로 해도 좋으나 교토에 오는 것도 괜찮을 것이다. 확인해 보면 알겠지만 일본까지 항공료가 매우 싸다."라고 말했다. 항공권을 검색하니, 김포 공항에서 일본 간사이 공항까지 왕복 항공료가 14만 원도 안 됐다. 만나서 이야기를 듣는 게 좋겠다 싶어 비행기 표를 샀다.

교토 대학교 캠퍼스는 도시 북쪽에만 있는 줄 알았다. 그곳은 교토 대학교 본교 캠퍼스였고, 도시 서쪽에 가쓰라 캠퍼스가 있었다. 김윤호 교수는 가쓰라 캠퍼스에 연구실이 있었다. 가쓰라 캠퍼스는 공학 교육을 위한 곳이라 했다. 2020년 2월에 찾은 캠퍼스는 산 중턱에 자리 잡았고 단정했다. 김윤호 교수는 다케우치 시게키(竹內繁樹) 교토 대학교 전기 전자 공학과 교수 초청으로 5개월 전 교토에 왔다.

두 사람 모두 양자 광학 전공자다. 다케우치 교수는 양자 광학 응용에 관심을 가지고 있고, 김윤호 교수 역시 응용을 해 보려 한다.

김윤호 교수를 따라 A1동으로 들어갔다. 출입구 바로 옆의 방이 그가 쓰는 공간이다. 문 앞에는 "외국인 객원 연구실 363호"라고 쓰여 있다. 교토에는 광학 기업이 많다. 대부분 중소기업이며 시장 점유율이 높다. 중소기업과 과학자가 같이 일한다. 교토 대학교 교수가 교토 지역의 중소기업과 협업하는 방식은 김윤호 교수에게 낯설었다. 중소기업이 상업용 제품을 가져와 실험실에 설치하면 다케우치 교수가 이 장치에 자신이 개발한 양자 광학 시스템을 덧붙이는 식이다. 그리고 새로운 시스템을 실용화할 수 있는지 확인한다. 김윤호 교수는 "한국 물리학자는 연구 결과의 응용까지는 신경 쓰지 않는다. 교토 대학교에 와서 보고 일본 물리학자의 저런 면모는 배울 만하다고 생각했다."라고 말했다.

안과에 가면 망막을 촬영하는 광전자 촬영 장치가 있다. 눈에 대고 망막 밑이 어떻게 되어 있는지를 찍는 장비다. 건강 검진을 받을 때 체험할 수 있다. "광전자 촬영 장치는 간단한 간섭계(interferometer)다. 병원에서는 이것을 광 결맞음 단층 영상(optical coherence tomography, OCT)이라고 부른다. 1996년 내가 대학원에 들어갔을 때 OCT 논문들이 학회에 나왔다. 20년이 더 지난 지금 완전히 상용화됐다. 거의 모든 안과에 깔려 있다." 김윤호 교수는 양자 광학을 이용해 생활에 도움이 되는 장치를 만들고자 한다. 교토에서 그런 응용 분야를 찾는 일을 하려고 한다.

김윤호 교수가 생각하는 것은 양자 OCT다. 양자 OCT는 현재 안과에 보급된 OCT보다 해상도가 높을 것으로 기대된다. 이론은 꽤 오래 전에 나왔다. 생체 촬영에 사용할 수 있는지는 연구해 봐야 안다. 양자 OCT는 양자 광원을 사용한다. 양자 광원은 얽힘 상태의 빛을 가리킨다. 두 입자가 양자적으로 서로 연결되어 있는 것을 양자 얽힘이라 한다. 얽혀 있는 광자 쌍을 이용하면 레이저를 사용했을 때보다 해상도가 2배 이상 좋다. 특정 경우에는 3배 더 좋아진다. 다케우치 교수는 광자가 2개 얽혀 있는 광원을 시스템에 집어넣으려고 한다.

　김윤호 교수 이름은 짐 배것(Jim Baggott)의 『퀀텀 스토리(The Quantum Story)』(박병철 옮김, 2014년)라는 책에서 접했다. 100년에 걸친 양자 역학 역사를 다룬 이 책에 나온 한국 물리학자는 김윤호 교수가 유일한 것으로 기억한다. 책에 소개된 그의 연구는 1999년 박사 과정 때 연구다. 연구 제목은 지연된 양자 지우개(delayed quantum eraser)다. 미국 메릴랜드 대학교 볼티모어 캠퍼스의 얀후아 시(Yanhua Shih) 교수와 함께한 실험이다.

　『퀀텀 스토리』에서 이름을 봤다고 했더니 김윤호 교수는 "지금도 가끔 이 실험에 대해 묻는 이메일이 온다."라며 웃었다. 김윤호 교수는 "양자 지우개는 양자 광학 연구라기보다는 양자 역학 연구다. 1990년대 말에는 양자 역학의 기본 원리를 양자 광학 실험을 통해 보이는 것이 중요했다. 입자 물리학을 이루는 핵심 원리로 불확정성 원리(uncertainty principle)와 상보성 원리(complementarity principle)가 있다. 내 실험은 상보성 원리가 불확정성 원리보다 더 중요하다는 걸 보인 것이다."라고 지연된 양자 지우개를 간단히 설명했다. 상보성 원리는 빛의 파동성이나 입자성이나 운동에 대한 고전 물리학의 인과론적 기술이나 양자 역학의 확률론적 기술처럼 어떤 계의 상호 배타적인 성질을 서로가 서로를 보충하는 것이라고 이해할 때에만 온전한 기술을 얻을 수 있다는 생각을 말한다. 불확정성 원리는 위치나 운동량 같은 2개의 물리량을 동시에 측정할 때 둘 다 같은 정확도로 측정할 수 없다는 아이디어다.

김윤호 교수에게 그의 연구를 관통하는 키워드가 무엇인지를 물었다. 그는 "광자다. 광자가 제일 재밌다."라고 답했다. 현재 하고 있는 연구는 크게 두 가지다. '결어긋남과 양자 측정', '원자를 가지고 양자 광학 하기'다. 둘 다 광자를 가지고 노는 연구다. 먼저 원자를 가지고 양자 광학을 연구하는 이야기를 들었다.

"연구 목표는 광자 조작(manipulation)이다. 원자 물리학을 광자에 적용하는 게 관심사다. 어떻게 하면 원자를 이용해 얽힌 광자를 만들어 내느냐 하는 연구다. 조동현 고려 대학교 교수(1장 참조)와 신용일 서울 대학교 교수(10장 참조)는 원자 물리학을 한다. 조동현 교수의 관심사는 원자 그 자체고, 신용일 교수는 고체 물리학과의 접목에 관심이 있다. 나는 다르다. 광자 저장법을 연구한다. 이 분야는 양자 메모리(quantum memory)라고 한다. 광자로 양자 통신을 하거나 양자 컴퓨팅을 한다면 어느 순간 광자 속력을 줄이고 정지시켜야 한다. 메모리에 넣어 동기화시켜야 한다. 양자 메모리를 만드는 방법으로 이론가가 내놓은 아이디어는 많다. 나는 원자를 사용해 이를 구현하려 한다."

광자 1개를 조작한다는 게 믿어지지 않았다. 광자 1개를 볼 수 있느냐고 물었다. 김윤호 교수는 웃으며 "불가능하다. 물론 그걸 연구하는 사람이 있기는 하다."라고 말했다. 광자가 있기는 하냐고 되묻자 그는 "여러 증거가 있다. 그런 걸 실험하면서 양자 광학이 발전해왔다."라고 말했다.

김윤호 교수에 따르면 특정 원자를 매질로 사용하려면 그 원자 특성에 맞는 광자를 만들어야 한다. 광자 하나를 원자에 집어넣어 그 안에 정지시키고, 다시 원하는 방향으로 끄집어내는 것이 목표다. 다음 단계는 광자 2개를 조작하는 것이다. 1개를 조작하는 데 성공하면 다른 광자를 집어넣어 2개의 광자를 양자 얽힘 상태로 만들 수도 있고, 한쪽 광자의 정보를 다른 광자에 넘기게 할 수도 있다. 사용하는 원자는 루비듐(Rb)이다. 진공 상태의 유리관에 루비듐 원자 수억 개가 들어 있다. 유리관 밖에서 레이저를 사용해 원자를 움직이지 않게 붙잡아 둔 후 루비듐 원자 구름 안에 광자 1개를 들여보낸다. 통상적으로 원자는 광자가 들어오면 삼켜 버리는데 그러지 못하도록 레이저를 쪼여 가며 조작한다. 루비듐의 에너지 상태가 광자로 인해 변하지 않도록 하는 것이다. 그리고 광자 1개를 추가로 집어넣어 2개의 상호 작용을 본다.

그동안은 광자가 원자에 들어가면 흡수되고 말았기 때문에 양자 메모리 실험이 진척이 없었다. 광자가 흡수돼 버리면 광자를 하나 더 집어넣어도 광자와 광자 간의 상호 작용을 볼 수 없다. 어떻게든 광자 2개가 원자 안에 살아 있어야 한다. "2018년 연구에서 광자를 원자 안에 집어넣고, 원할 때 끄집어낼 수 있다는 것을 증명했다. 현재는 시스템 효율 향상에 힘쓰고 있다. 연말까지 마무리되면 내년에는 두 광자의 상호 작용을 볼 수 있다. 성공한다면 큰 성과다."

김윤호 교수는 영남 대학교 물리학과 91학번이다. 졸업 뒤 1995년 미국으로 유학을 떠나 볼티모어에서 박사 공부를 시작했다. 메릴랜드 대학교 은사인 얀후아 시 교수는 광자 얽힘 분야의 1세대 연구자다. 시 교수와 같은 1세대 연구자로는 레너드 맨델(Leonard Mandel), 레이먼드 챠오(Raymond Chiao), 안톤 차일링거가 있다. 김윤호 교수는 "처음부터 나는 광학에 관심이 있었다. 당시에는 양자 광학이 큰 분야는 아니었고, 양자 물리학이 고전 물리학과 어떻게 다른가를 실험을 통해 깊게 이해하는 것이 중요했다. 박사 과정 때 지연된 양자 지우개 실험도 그런 맥락에서 했다. 광자로 한 실험이다."라고 말했다.

박사 과정 때 했던 주요 연구는 양자 전송이다. 그를 알린 양자 지우개 실험은 양자 전송을 연구하다 부수적으로 했다. 양자 전송은 물질의 양자 정보를 순간적으로 이동시키는 것을 가리킨다. 이를 위해 광자 2개를 얽힘 상태로 만들어야 한다. 그런 뒤 여러 가지 알고리듬을 만들어 광자를 전송한다. "광자의 전송 효율이 25퍼센트로 한정되어 있었다. 존 스튜어트 벨(John Stewart Bell)이 내놓은 아이디어를 검증하려는 실험에서 '벨 측정'이 나왔다. 25퍼센트는 양자 간섭 기반의 벨 측정에 주어진 한계였다. 나는 이것을 100퍼센트로 올릴 수 있는 방법을 찾아내 실험으로 증명했다. 측정 시스템에 비선형성이 들어갈 방법을 찾아낸 게 아이디어였다."

2001년 박사 학위를 받고 미국 오크리지 국립 연구소에서 유진 위그너 펠로(Eugene Wigner Fellow)로 일했다. 오크리지 국립 연구소는 제2차 세계 대전 당시 원자 폭탄에 사용된 우라늄을 분리하는 대규모 시설이 있던 곳이다. 오크리지 연구소에서 그는 컴퓨터 과학 부서에서 일했다. 이 부서의 관심사는 양자 컴퓨팅을 할 수 있느냐, 할 수 있다면 어디까지 해 볼 수 있느냐였다. 김윤호 교수는 얽힌 광자를 효율적으로 만드는 데 시간을 많이 썼다. 당시에는 광원에 관심이 컸다. 양자 통신을 하려면 그 특성에 맞는 광원이 필요하고, 양자 컴퓨팅을 하려면 그에 맞는 광원이 필요하다. 오크리지에서 연구원 생활을 마치고 2004년 2월 포항 공과 대학교 교수로 귀국했다.

포항 공과 대학교에서 일하며 두 번째 분야 연구를 시작했다. 결어긋남과 양자 측정 연구다. 처음에는 양자 측정 연구가 재밌을 것이라고 생각하지 않았다. 결어긋남 현상은 양자 컴퓨팅 연구와 연결된다. 시스템이 결맞음을 유지할 방법을 찾고, 결맞음을 유지하면서 시스템의 정보를 어떻게 얻어 낼 것인가 하는 측정 방법을 연구했다.

양자 컴퓨팅이 과연 실현 가능한지 물었다. 조동현 고려 대학교 교수로부터 "양자 컴퓨터는 실현 불가능하다."라는 이야기를 들었기 때문이다. 김윤호 교수 역시 "양자 컴퓨터는 현재로서는 공상 과학이다. 5년 내 양자 컴퓨터를 만들어 시장을 선점하겠다는 사람들이 있다. 말이 안 된다. 몇 년 전에 이런 사람들 목소리 때문에 양자 컴퓨터 사업이 만들어져 정부의 예산 타당성 심사까지 받았다. 다행히 없던 일로 돌아갔다. 그런데 아직도 그분들이 이러저러한 걸 하려고 한다.

5장 원자를 이용해 얽힌 광자를 만든다

양자 컴퓨팅은 기초 연구가 더 필요한 분야다. 양자 컴퓨터를 만들어 시장을 선점하겠다는 주장은 터무니없다."

그는 양자 컴퓨터에 대한 회의론을 강조한 후 결어긋남과 양자 측정 이야기를 계속했다. 결어긋남은 미시 세계에서만 나타나는 물질의 특별한 상태가 깨지는 것이다. 양자 얽힘과 양자 중첩, 양자 터널링이라는 현상이 우리가 몰랐던 미시 양자 세계의 놀라운 특성이다. 양자계는 물리학자가 측정을 하려고 하면 상태가 바뀐다. 몸무게를 재려고 체중계 위에 올라갔는데, 그때마다 몸무게가 다르게 나오는 것과 같다. 결맞음 상태가 지속되어야 광자끼리의 얽힘 상태가 가능하다. 그 상태를 만들어 놓으면 안타깝게도 결맞음이 천천히 사라진다. 결어긋남이다.

김윤호 교수는 양자 시스템을 교란했을 때 시스템이 얼마나 바뀌는가 들여다보면서 서서히 연구를 시작했다. 예컨대 양자 컴퓨팅의 정보 단위로 사용되는 큐비트가 있다. 큐비트 상태를 측정하면서 큐비트 상태가 얼마나 바뀌는지를 보았다. "그러는 가운데 약한 측정을 하면 계의 결어긋남을 피해 갈 수 있겠다는 아이디어가 떠올랐다. 결어긋남이 사라지는 과정을 먼저 시뮬레이션한다. 그걸 가지고 약한 측정을 하면 얽힘을 더 오래 유지시킬 수 있다는 생각이었다. 실험 결과는 《네이처 피직스(*Nature Physics*)》에 실렸다. 약한 측정은 측정 대상의 양자 상태에 충격을 적게 주면서 시스템의 정보를 최대한 많이 알아내려는 접근법이다.

1988년 러시아 물리학자 야키르 아하로노프(Yakir Aharonov)가 제

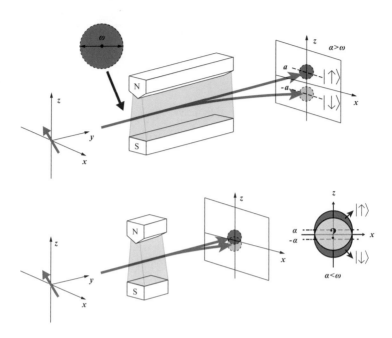

김윤호 교수의 연구 분야 중 하나인 '약한 양자 측정'을 설명하는 개념도이다. 위 그림은 '강한 양자 측정'을 보여 준다. 전자가 자기장(N·S극 표시가 있는 곳)과 충분한 시간의 상호 작용을 하고 나면 스핀 상태가 드러난다. 스크린에 맺힌 빔의 위치 정보를 통해 전자의 스핀 상태를 알 수 있다. 아래 그림은 '약한 양자 측정'을 하는 경우다. 전자가 자기장을 짧은 시간에 지나간다. 두 빔이 완전히 분리되지 않으며 겹쳐진 부분에서는 스핀 상태가 완전히 붕괴되지 않는다.

시한 개념이다. 아하로노프가 처음 아이디어를 제안했을 때는 바보 같다는 평가를 받았다. 강한 측정은 100개 정보를 가진 시스템에서 100개 정보를 다 꺼낸다면, 약한 측정은 10개의 정보만 꺼낸다. 얽힌 시스템에 약한 측정을 적용한 사람은 김윤호 교수가 처음이었다. 약한 측정을 이용하면 심지어 얽힘 상태를 보존할 수 있겠다고 생각했다.

　김윤호 교수가 포항 공과 대학교 교수로 부임할 때만 해도 한국에 양자 광학 분야 실험가가 없었다. 양자 광학은 고체 물리학보다 훨씬 기회가 많다. 양자 통신과 같은 응용에서 기초 물리학까지 두루 파고들 게 많다. 양자 광학 이론가는 정현석 서울대 교수 등 3~4명이 있으나 이 분야의 실험가는 김윤호 교수와 그가 배출한 제자들밖에 없다고 했다. 그는 "이론가는 배곯는다."라며 웃었다. 교토 대학교 내 연구실은 썰렁했다. 책상 하나에 테이블 하나 놓여 있을 뿐이었다. 인터뷰를 하는 3시간 동안 일본 사람 1명과 한국 사람 1명이 잠시 얼굴을 비쳤다.

취재를 마치고 야외 사진을 찍기 위해 밖으로 나왔다. 매번 그렇지만 좋은 사진을 찍기가 쉽지 않다. A1동 출입구 인근에서 사진을 찍기 위해 한참을 왔다 갔다 했다. 그리고 김윤호 교수와 헤어졌다. 버스 정류장이 있는 빵집 앞으로 갔더니 "교토 대학교"라고 쓴 글씨도 보이고, 캠퍼스 안내 간판도 있었다. 순간 김윤호 교수를 찾아가 이곳에서 사진을 다시 찍어 보자고 해야 하나 망설였다. 그때 내가 타야 할 버스가 도착했다. 버스에 그냥 올라탔다.

2부

빛과 원자를
조종하는
물리학자들

6장 완전 무반사 원리, 실험으로 구현한다

박규환

고려 대학교 물리학과 교수

박규환 고려 대학교 물리학과 교수 연구실 벽에 액자가 걸려 있다. 액자 속에는 "眞光不輝(진광불휘)"라는 한자가 적혔다. '진짜 빛은 반짝이지 않는다.'라는 뜻이다. 박규환 교수는 선친이 마음 수양을 하라며 써 주신 것이라고 설명했다. 액자 속 글귀는 그의 연구와도 관련이 있다. 완전 무반사 원리 연구다. 무반사 기술이 무슨 쓸모가 있을까 어리둥절하는 순간 그는 응용 분야가 매우 많다고 말했다. 국방 분야에서 레이더 추적을 막는 스텔스 기술에 사용할 수 있고, 빛을 반사하지 않고 흡수하기 때문에 태양 전지의 효율을 높이는 데 쓸 수도 있다. 의료 분야에서도 응용이 예상된다. 박규환 교수는 삼성 미래 기술 육성 재단의 지원을 받아 2018년까지 5년간 완전 무반사 원리를 연구했다.

박규환 교수는 나노 광학자다. 자신의 연구에 대해 이렇게 설명했다. "나방의 눈은 빛을 반사하지 않는다. 고양이와 같은 포식자와는 달리 밤에 나방의 눈이 빛나지 않는다. 나방과 같이 약한 동물은 밤에 돌아다니더라도 포식자에게 발각되지 않기 위해 빛 반사를 없애는 쪽으로 눈이 진화했다. 나방 눈 표면에는 나노 크기의 돌기들이 있다. 돌기가 있으면 빛 반사가 잘 안 된다. 나방 눈의 무반사 현상이 내 연구의 출발점이었다."

나노는 10억분의 1을 의미한다. 나방 눈이 빛을 반사하지 않는 이유는 1970년대에 발견됐다. 나방 눈은 모든 빛을 완벽히 흡수하지 않는다. 특정 파장의 빛과 일부 입사 각도에서만 무반사가 일어난다. 입사 각도가 사방팔방이고, 온갖 색이 합해진 백색광은 나방의 눈도 흡수하지 못한다.

대부분의 광학자는 무반사에 관심이 없었다. 무반사는 학문적으로 연구할 게 없고, 기술적인 문제가 남아 있을 뿐이라는 게 학계 분위기였다. 인기 없는 연구 주제였다. "물리학에도 유행하는 연구 분야가 있다. 나는 다른 길을 갔다. 인기가 많은 주제보다는 내가 좋아하는 것을 파 보자고 생각했다. 목 디스크가 생길 정도로 연구에 몰입했다." 박규환 교수의 연구는 2018년 한국 광학회 학술 대상을 받으면서 인정받았다. 그 논문은 같은 해 학술지 《네이처 포토닉스》에 실렸다.

연구의 핵심은 비국소적인 메타 물질(non-local metamaterial)을 쓰면 완전 무반사를 구현할 수 있다는 사실을 알아낸 것이다. 무반사를 위해 어떤 원리와 물질이 필요한가를 밝힌 셈이다. '비국소적'이니 '메타 물질'이니 하는 용어가 낯설다. 박규환 교수는 이렇게 설명했다.

"국소적이라는 건 어떤 지점을 손으로 누르면 그 지점만이 반응하는 것을 가리킨다. 그런데 때로는 어느 지점을 눌렀는데, 다른 지점도 반응한다. 이것을 비국소적이라고 한다. 어느 지점의 물질이 다른 지점의 빛에 반응하면 비국소적인 현상이다." 그는 이어 "메타 물질은 자연에 없는 물질을 실험실에서 만든 것, 즉 인공 물질이라고 생각하면 된다."라고 설명했다.

박규환 교수는 학술지에 연구 결과를 보냈다. 그런데 논문 심사자가 현실적으로 만들 수 없다면 의미 없는 연구 아니냐며 비판했다. 박 교수는 실제로 무반사가 일어난다는 것까지를 보여 줘야 했다. 그 결과 비교적 긴 파장의 빛인 마이크로파가 99퍼센트 차단되는 실험을 구현했다. "마이크로파로 실험을 했던 이유는 간단하기 때문이다. 2층으로 된 구조체를 잘 조합하면 상당히 넓은 영역에서, 그리고 입사각 75도까지 빛 반사를 1퍼센트 미만으로 낮출 수 있었다. 빛 반사율이 1퍼센트 미만이니, 99퍼센트의 무반사를 이끌어 낸 것이다."

그는 무반사 연구의 두 가지 어려움을 이야기했다. "이론을 만드는 것은 어렵지 않았다. 해석적인 이론을 만들고 컴퓨터 계산을 통해 완전 무반사를 확인하면 된다. 그런데 검증을 하기 위한 컴퓨터 코드나 알고리듬이 개발되어 있지 않다. 내가 직접 코딩을 하고 알고리듬을 짜야 했다. 또 무반사를 구현할 수 없고 이론만 있으면 뭐 하냐는 지적을 받았을 때 힘들었다. 결국 이론을 만들고 검증할 실험 설계까지를 혼자 했고 마이크로파 실험은 학생과 함께 진행했다."

박규환 교수 실험실 이름은 '나노 광학 실험실(Nano Optics Lab)'이다.

나노 광학(sub-wavelength optics)은 빛의 파장보다 짧은 나노 크기에서 일어나는 빛과 물질의 상호 작용을 연구한다. 그리고 새로운 응용 소자를 탐구한다. 박 교수는 지난 10년간 나노 광학을 연구해 왔다. 인류가 빛을 이해해 온 단계를 보면 크기가 중요하다. 처음에는 일상에서 우리 눈으로 접하는 크기의 문제를 연구했다. 빛의 직진, 반사와 같은 것들이다. 19세기를 지나면서 빛의 파동이라는 성격을 이해하게 됐다. 그래서 파동의 크기를 나타내는 '파장'이라는 단위가 나왔다. 사람 눈에 보이는 빛인 가시광선은 파장이 1마이크로미터가 안 된다. 0.4~0.7마이크로미터다. 그런 크기의 구조체가 빛과 상호 작용을 하면 빛의 파동성이 두드러진다. 물리학자는 빛에 관해 오래 연구해 왔고, 그 결과로 빛에 대해 잘 안다고 생각했다. 그런데 나노 크기의 광학을 하게 되면서 빛의 새로운 특성을 많이 발견했다.

빛을 제어하는 기술도 크게 발전했다. 지난 20년간 특히 그랬다. 반도체 기술의 발전으로 나노 구조체를 만들 수 있게 되면서 가능해졌다. 결이 맞는 빛의 다발인 레이저 발생 장치를 아주 작게 만드는 등 여러 가지 응용 분야가 나왔다. 예전 같으면 큰 렌즈를 써서 할 수 있는 일을 요즘은 나노 크기 구조체를 갖고 한다. 빛을 제어할 수 있게 되면서 원자와 분자도 더 잘 이해하게 되었고, 그 결과 많은 노벨상이 나왔다. 최근에 와서는 생명 현상과 관련된 계도 빛으로 제어한다. 또 반도체 기업은 생산 공정에서 나오는 불순물과 결함을 알기 위해 나노 광학 기술이 필요하다. 반도체 크기가 작아지면서 반도체 기판의 회로 선폭이 10나노미터 이하로 좁아지니 거기에 불량이나 불순물이 끼어 있으면 일반 현미경으로는 볼 수 없다. 그러다 보니 나노 광학에 대한 깊은 이해가 요구된다.

박규환 교수는 이렇게 말했다. "2018년 여름, 나노 광학 연구를 위해 연구 그룹인 'KU Photonics'를 만들었다. 고려 대학교 물리학과와 전자 공학과, 그리고 융합 대학원(KU-KIST) 소속의 젊은 교수 9명이 참여한다. 매달 모임을 갖고 학생들을 훈련한다. 아직 학교 조직도에 없지만 단과 대학과 비슷하게 운영하고 있다. 나노 광학을 세계적으로 선도하는 것이 목표다."

고려 대학교 광학(KU Photonics) 연구 그룹은 2018년부터 나노 광학 기반의 카이랄성(chirality) 센서 기술 연구를 시작했다. 김수진 전자과 교수, 공수현 물리학과 교수, 이승우 융합 대학원 교수와 2년 6개월 이상을 연구한다. 한국 연구 재단으로부터 연구비를 지원받는다. 성과를 내면 5년은 연구를 계속할 수 있다.

카이랄성 센서 기술 연구는 빛으로 독과 약을 구별할 수 있다는데 기반한다. 탈리도마이드(thalidomide)라는 물질은 화학 구조식만 봐서는 독이 될 수 있는 물질과 약이 될 수 있는 물질이 구별되지 않는다. 카이랄성은 왼손과 오른손을 구별하는 것이다. 예컨대, 탈리도마이드의 경우 오른손 물질은 약이고 왼손 물질은 독이다. 탈리도마이드는 1950년대 후반부터 1960년대까지 임산부들의 입덧 방지용으로 판매됐다. 그런데 이를 복용한 임산부 일부가 팔다리가 짧은 기형아를 낳았다. 오른손 탈리도마이드는 숙취 해소에도 효과가 있다. 제약 회사에서 숙취 해소약을 만들 때 오른손 물질만을 만들어야 하는데, 잘못하면 거울상인 왼손 탈리도마이드를 만들 수 있다. 두 물질은 질량이 똑같다. 그러니 질량 분석기로 구별할 수 없다. 이 경우 빛을 이용하면 구별이 가능하다. 빛은 독인지 약인지를 구별할 수 있다.

원형 편광은 오른손 물질과 왼손 물질에 다르게 반응한다. 뱅글뱅글 돌면서 앞으로 나아가는 빛이 원형 편광이다. 문제는 그 차이를 알아내는 정도가 미미하다는 것이다. 나노 구조체를 붙이면 그 차이를 구별할 감도를 높일 수 있다. 이는 나노 광학의 중요한 영역이다.

박규환 교수는 원래 광학자가 아니었다. 서울 대학교 물리학과 학부를 졸업하고 미국 보스턴의 브랜다이스 대학교에서 박사 학위를 받을 때는 입자 물리학자였다. 박사 학위 논문은 빅뱅(big bang, 대폭발) 이후 우주의 안정성에 관해 썼다. 이후 그는 변신을 거듭했다. 연구 분야 궤적을 보면 입자 물리학 → 끈 이론 → 수리 물리학 → 광 솔리톤(optical soliton) → 광학으로 이어진다. 그는 "박사 학위 논문 지도 교수인 로런스 애벗(Laurence Abbott)은 이론 물리학자였으나 지금은 생물학과 교수다. 미국 컬럼비아 대학교 메디컬 센터에서 신경 과학 교수로 일한다. 지금 와서 보니, 옛 지도 교수의 유전자를 물려받았나 싶기도 하다."라고 말했다.

입자 물리학 다음으로 연구한 끈 이론은 당시 물리학의 최고 두뇌가 몰리는 분야였다. 그는 미국 메릴랜드 대학교에서 박사 후 연구원으로 일하며 '2차원 등각 장론(2D conformal field theory)'을 연구했다. '2차원 등각 장론'이 무엇이냐는 질문에 박 교수는 이렇게 말했다. "뭐라고 설명하기는 어렵다. 했던 일은 행렬(matrix)을 '무한대×무한대'로 키우면 로저 펜로즈(Roger Penrose)가 만든 '트위스터 이론(twister theory)'이 된다는 걸 증명한 거다." 나는 무슨 말인지 감 잡을 수 없었다. 하지만 로저 펜로즈는 노벨상을 받은 세계적인 학자이고, 그의 이론을 확장하는 연구를 했다면 그건 상당한 성과일 것이라고 생각했다.

박규환 교수는 1990년 영국으로 건너가 케임브리지 대학교에서 스티븐 호킹(Stephen Hawking) 그룹에서 2년간 연구했다. 스티븐 호킹은 스타 과학자였으나 장애가 있어 그와의 소통은 쉽지 않았다. 그와 같이 일했다기보다는, 오늘날 케임브리지 대학교 교수로 일하는 게리 기번스(Gery Gibbons), 폴 타운젠드(Paul Townsend)와 연구했다. 케임브리지에 있을 때 펜로즈 교수가 옥스퍼드로 초청해 세미나를 한 적이 있다. 박규환 당시 박사 후 연구원이 트위스터 이론을 연구한 게 펜로즈의 관심을 끌었기 때문이다. 박규환 교수는 "트위스터 이론을 발전시켜 난류(turbulence)와 같은 비선형적인 현상을 수학으로 완벽하게 풀어 보려고 했는데 하지 못했다. 지금도 그렇지만 당시에도 그걸 할 수 있는 수학이 없었다."라고 말했다.

이후 경희 대학교 교수로 일하면서 10년간 솔리톤(soliton)을 연구했다. 세 번째 도전이다. "입자 물리학과 끈 이론은 현실과 멀어지고 있다는 생각을 했다. 물리학은 자연과 만나야 하는데 떨어져 있었다. 나는 현실에서 체험할 수 있는 자연을 원했다. 그래서 솔리톤에 관심을 갖게 됐다."

어떤 파도는 물 깊이가 얕아도 조건이 맞아떨어지면 모양을 유지한 채 멀리까지 이동한다. 펄스가 모양을 바꾸지 않는다. 19세기에 발견된 이 현상은 솔리톤이라고 부른다. 입자와 같이 안정적인 모양을 유지한다고 해서 이 현상에 입자를 가리키는 '-on'이라는 접미사를 붙였다. 비선형적인 현상인 솔리톤은 1960년대 플라스마 안에서도 발견됐다. 박규환 교수는 경희 대학교에서 일하면서 10년간 솔리톤의 수학적인 구조 등을 연구했다.

1997년쯤 자연에 솔리톤 이론으로 기술되는 것이 있을까 궁금증이 생겼다. 학술지에서 솔리톤 이론에서 만들어진 여러 수식을 봤다. 놀랍게도 자신의 연구와 비슷한 수식이 전혀 다른 분야에 등장하고 있었다. 광학, 원자 물리학과 같은 분야였다.

박규환 교수는 솔리톤 연구를 다른 분야에 응용하면 좋겠다고 생각하고 계속해서 연구했다. 그리고 굉장히 긴 논문을 쓰고 학술지에 보냈다. 아무도 심사하겠다고 나서지 않았다. 학술지 편집자가 학자 7명에게 심사를 부탁했지만 모두 무슨 내용인지 모르겠다며 거절했다. 여덟 번째로 논문 심사를 하겠다는 사람이 나타났는데 광학자였다. 이 사람이 "당신이 쓴 논문 내용을 모르겠다. 그런데 이런 문제가 광학에 있다. 그 난제를 풀어내면 이 논문이 옳다고 생각하겠다."라고 의견을 냈다. 그래서 그 광학 문제를 푼 논문을 써서 보냈다. 그렇게 박규환 교수의 첫 번째 솔리톤 분야 논문은 심사 없이 출판됐다. 이 논문은 나중에 러시아 과학자가 이따금 자신의 논문에서 인용했다. 그들만이 박규환 교수 논문을 이해했다. 논문 제목은 「결맞은 광펄서 전파를 위한 장 이론(Field theory for coherent optical pulse propagation)」이다. 1998년 6월 미국 물리학회 학술지 《피지컬 리뷰 A(*Physical Review*

A)》에 실렸다.

솔리톤 연구는 광 솔리톤 연구로 진화했다. 솔리톤으로 광 통신 신호를 만들면 멀리 안정적으로 보낼 수 있다. 박규환 교수는 1999년 5월 《피지컬 리뷰 레터스》에 「CW 교통 신호를 이용해서 솔리톤 광 신호 제어하기(Parametric control of soliton light traffic by CW traffic light)」라는 논문을 발표했다. 기념비적인 논문이었다. 1~2년 후 하버드 대학교의 물리학자 리나 하우(Rena Hau) 교수가 원자 물리학의 다른 방식으로 박규환 교수와 비슷한 연구를 했다. 그리고 "빛을 천천히 가게 하는 것을 구현했다."라는 문장으로 내용을 포장했다. 하버드 대학교에서 그 연구를 엄청 띄웠다. 박규환 교수는 "빛을 세우거나 천천히 가게 하는 이 연구는 내가 먼저 한 것이다. 나는 논문 홍보를 할 줄 몰랐다."라고 말했다.

박규환 교수는 2000년에 미국 로체스터 대학교에서 연구년을 보내면서 연구 분야를 광학으로 바꿨다. 로체스터 대학교 솔리톤 권위자인 조지프 애벌리(Joseph Eberly) 교수와 공동 연구했다. 실험가인 로버트 보이드(Robert Boyd) 교수와도 함께 일했다. 연구년을 마치고 경희 대학교에서 고려 대학교로 옮겨 왔다.

박규환 교수는 2010년쯤부터는 이론 연구뿐 아니라 실험도 하고 있다. "실험을 알아야 이론도 깊이 이해할 수 있다. 이론만 연구하면 현장에서 새로운 것을 발견하기 쉽지 않다. 실험가가 발견한 것을 이론으로 해석하는 등 그들의 연구를 도와주거나 연구에서 보조 역할을 하는 데 그칠 수 있다. 또 연구실에서 공부하는 학생들을 교육하고 훈련하며, 취업하는 데에도 도움이 된다. 그래서 욕심을 냈다."

그래서 그런지 박규환 교수는 '교수들의 교수'로 불린다. 같은 대학의 후학인 최원식 교수는 언젠가 언론에 쓴 글에서 "나 말고도 많은 실험 과학자가 박규환 교수에게 해석을 부탁한다. 그는 교수들의 교수인 셈이다."라고 말한 바 있다. 한 후배 교수가 귀띔해 주지 않았으면 박규환 교수를 모르고 넘어갈 뻔했다. 그는 존재감을 과시하는 학자가 아니었다. '무반사형'이었다. "진짜 빛은 빛나지 않는다."라는 선친이 써 준 글귀를 구현하고 있다고 생각했다.

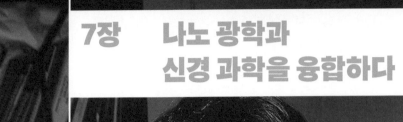

7장   나노 광학과
신경 과학을 융합하다

박홍규

고려 대학교 물리학과 교수

박홍규 고려 대학교 물리학과 교수를 만나러 가던 날 그가 쓴 논문이 학술지 《사이언스》에 실린 것을 알았다. 그는 이날 아침 내게 전자 우편을 보내 자신이 교신 저자로 지도한 논문이 최상위 과학 학술지에 게재됐다고 알려왔다. 그는 고려 대학교 연구실로 찾아간 나에게 "나노 광학으로 연구를 시작했고, 지금도 절반은 그 연구를 하고 있다."라고 말했다.

　"나노 광학의 출발은 '나노 크기 물질에 빛이 들어가면 어떻게 되나? 빛과 나노 물질이 어떤 식으로 상호 작용할까?' 하는 궁금증이다. 그래핀(graphene)과 같은 나노 물질이 인기가 있다 보니, 그런 궁금증이 자연스럽게 생겼다. 나노 물질은 수백 나노미터 크기다. 빨간색 빛의 파장이 700나노미터니, 나노 물질은 그보다 크기가 작다. 나노는 너무 작기 때문에 빛이 나노 물질이 있는지 없는지도 모르고 그냥 지나가지 않을까 생각했다. 그런데 어떤 특정한 상황에서는 상호 작

7장 나노 광학과 신경 과학을 융합하다

용을 많이 했다. 빛과 나노 물질이 상호 작용을 하니, 광학자가 하고 싶은 게 생겼다. 광학자는 빛을 자신이 원하는 방향과 위치로 보내고 싶어 한다. 하지만 빛은 제어가 잘 안 된다. 놔두면 자꾸 도망간다. 빛은 무조건 빛의 속도로 움직여야 하니까 그렇다. 빛은 멈추게 할 수 없다. 빛을 거울 둘 사이에 가둬 놓는 건 된다. 그러면 빛은 가만히는 못 있고, 왔다 갔다 한다."

빛을 담아 둔다는 게 뭔가 싶었다. 박홍규 교수는 "공간 안에 빛을 담아 두는 거다. 그럴 수 있다. 거울 2개 사이에다가 빛을 놓으면 얘가 왔다 갔다 한다. 그러다 보면 점점 증폭이 된다. 한 번 왔다 갔다 할 때마다 빛, 즉 광자의 개수가 2개, 4개 이런 식으로 증폭된다. 이게 레이저의 원리다. 공간 안에서 레이저가 발생한 상태에서, 거울을 조금 나쁘게 만들면 빛이 조금씩 샌다. 그 새는 빛을 이용하는 게 레이저 포인터다."라고 설명했다.

박홍규 교수는 레이저를 잘 다룬다. 빛을 잘 가둔다. 빛을 가두는 것은 사실 제일 어려운 일이라고 했다. 그는 "광학자가 레이저를 많이 연구하는 이유가 레이저를 했다 하면 '저 사람은 빛을 잘 컨트롤하는구나.' 하는 식으로 평가받기 때문이다."라고 했다. 빛을 가두고 그 안에 어떤 물질을 집어넣느냐에 따라 밖으로 나오는 빛의 색을 다르게 할 수 있다. 붉은빛이 들어가서 붉은빛이 튀어나오면 그것은 '선형 물질'이다. 붉은빛이 들어갔는데 파란빛이 나올 수 있다. 이때 안에 들어 있는 건 '비선형 물질'이다. 그가 《사이언스》에 보고한 논문은 알루미늄과 갈륨, 비소 화합물을 집어넣고 실험한 것이다. 이 화합물이 비선형 물질이다. 빛은 비선형 물질과 반응하면 파장이 달라진다. 파장이 변하면 색상이 바뀐다. 그것을 실험으로 처음 보였다. 박홍규 교수는 "이렇게 빛을 원하는 대로 제어하기 위해 나노 구조 물질을 이용하는 연구를 나노 광학 연구라고 한다."라고 설명했다.

《사이언스》에 그간 논문을 몇 편 출판했는지 물었다. 요즘 한국 과학자 논문이 《사이언스》나 《네이처》에 실리는 빈도가 높다. 두 학술지에 논문이 출판되면 뛰어난 연구자라는 평가를 받는다. 40대 중반인 그는 《사이언스》에 논문을 3번 실었다. 대단한 실적이다. 《사이언스》에 처음 출판한 논문은 카이스트 물리학과 박사 학위 논문이다. 나는 깜짝 놀랐다. 지금까지 50명 가까운 물리학자를 만났지만 박사 학위 논문이 《사이언스》에 실린 사람은 처음이다. 박사 학위 논문은 한 연구자가 과학자로서 출발하면서 쓰는 초기 논문 중 하나다. 《사이언스》에 논문이 실렸다는 이야기는 박홍규 교수가 학자로서 화려하게 데뷔했다는 뜻이다. 그는 "그래서 스트레스가 많다."라고 말했다. 많은 사람이 그를 지켜보고 있기 때문인 듯했다.

박홍규 교수를 취재해 보라고 추천한 한 물리학자는 그를 이용희 고등 과학원 전 원장의 수제자라고 소개했다. 박홍규 교수는 자신이 누군가의 수제자로 불리는 이유에 대해 "선배들 대부분은 기업이나 정부 출연 연구소로 갔다. 나는 학계로 왔고, 연구를 활발하게 해서 그런 이야기를 듣지 않나 싶다."라며, "나는 욕심이 많다. 연구는 자기 욕심으로 하는 거다. 욕심이 많아야 한다. 연구를 잘하는 사람들은 특히 성격이 나쁘다."라고 말했다.

7장 나노 광학과 신경 과학을 융합하다

2004년《사이언스》에 실린 박홍규 교수의 박사 학위 논문 제목은 「전기 구동 단세포 광(光) 결정 레이저(Electrically driven single-cell photonic crystal laser)」다. 광 결정 레이저라는 말이 낯설다. 당시 뜨던 연구라고 했다. 물질이 어떤 색을 보이면 그것은 같은 색을 가진 물질을 포함하고 있기 때문이다. 그런데 '구조색(structual color)'이라는 것이 있다. 예를 들어 오팔이라는 보석은 파란색을 띠지만 파란색 물질을 포함하고 있지 않다. 오필에는 일정한 간격으로 구멍이 뚫려 있다. 특이하게 파란색에만 그게 거울로 작용하고 반사한다. 광 결정은 거울이다. 원하는 색깔을 보여 주는 거울이다. 레이저는 그런 거울과 거울 사이에 빛을 내는 물질을 집어넣으면 얻을 수 있다. 광 결정과 광 결정을 양쪽에 놓고, 그 사이에 빛을 내는 물질을 놓으면 빛이 광 결정 2개, 즉 두 거울 사이를 오가면서 더 많은 빛이 나오게 한다. 이렇게 급속도로 늘어난 광자들을 레이저라고 한다.

광 결정은 10^{-6}미터인 마이크로 구조보다 조금 작은 크기다. 이렇게 작은 크기의 레이저를 만들 수 있다. 광 결정으로 마이크로 크기의 레이저를 만든 것이 박홍규 교수의《사이언스》논문이었다. 이용희 교수가 당시 작은 크기 레이저를 연구했다. 광 결정으로 레이저를 만드는 것을 두고 미국 캘리포니아 공과 대학교 그룹과 경쟁했다. 광 결정 레이저를 먼저 만든 것은 그들이었지만 한국 카이스트 그룹이 조금 더 나은 형태로 만들었다. 전기와 연결해서 나오는 레이저를 만들었다.

박홍규 교수는《네이처》,《사이언스》에 논문을 내는 어려움을 이렇게 표현했다. "1~2년 준비해서 투고하더라도 다음 날 거부당하는 일이 비일비재하다. 그때마다 '편집자가 논문을 읽어 보기는 했나.' 하는 생각이 든다. 1차 평가는 그 학술지의 편집자가 한다. 편집자는 그 분야의 박사나 교수급이다. 제출된 논문 중 10퍼센트가 이 관문을 통과한다. 2차 평가는 심사 위원 3명이 맡는다. 이들은 별의별 힘든 실험을 요구한다. 그러면 또 몇 달이 지나간다. 추가 실험을 하고 나면 진이 빠진다. 논문이 2차 심사를 통과하고 출판된다고 연락을 받으면 기뻐야 하는데 힘이 많이 들어서 기쁘지 않을 정도다."

박홍규 교수의 실험실 이름은 '극미세 나노 선 광소자 창의 연구단'이다. 2009년부터 이 과제를 연구하기 시작했다. 나노 선은 1차원 나노 물질이다. 나노 물질이 0차원이면 양자 점(quantum dot)이라고 하고, 1차원이면 나노 선(nano wire)이라고 한다. 2차원 나노 물질에는 그래핀이 있다. 나노 선은 전깃줄처럼 생겼으니 전기도 잘 통한다.

그가 나노 선으로 만든 것 중 하나가 빛 트랜지스터다. 《네이처 나노테크놀로지(Nature Nanotechnology)》에 2017년 10월 논문이 실렸고 이 연구로 상을 많이 받았다. 과학 기술 정보 통신부에서 수여하는 이달의 과학 기술인 상, 한성 재단이 시상하는 한성 과학상을 받았다. 트랜지스터는 전기를 흐르게 하거나 흐르지 않게 하는 장치다. 'on/off' 스위치다. 회로에서 쓰이는 기본 소자다. 빛 트랜지스터는 빛을 쏘면 전기가 통하고, 쏘지 않으면 전기가 통하지 않게 만든 것이다. 금속으로 양극과 음극을 만들고, 나노 선을 살짝 끊어 전기가 통하지 않게 한다. 나노 선이 끊어진 부분을 다공성 실리콘 소재(PSi)

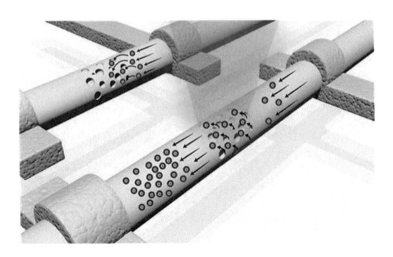

빛 트랜지스터 개념도. 뒤쪽의 선은 전자가 구멍에 가로막혀 선을 따라 이동하지 못하는 것을 보여 준다. 그런데 빛을 쏘이면 전자가 이동한다. 즉 전기가 흐른다. 박홍규 교수 제공 사진.

로 처리한다. 이 다공성 실리콘 소재는 구멍이 많아 저항이 큰 탓에 전기가 그냥 흐르지 못한다. 그런데 빛을 쏘면 빛 에너지 때문에 전자가 이것을 넘어간다. 이것이 빛 트랜지스터 원리다. 박홍규 교수는 "차세대 컴퓨터 개념 중에 빛 컴퓨터가 있다. 빛 컴퓨터를 구현하려면 빛 트랜지스터가 있어야 한다. 현재의 컴퓨터 안에는 트랜지스터가 100만 개 이상 들어 있다. 광 컴퓨터가 구현될지 안 될지 모르지만, 그럼에도 불구하고 학자는 10년, 20년 앞을 내다보고 연구한다." 라고 말했다.

나노 선 연구는 카이스트에서 박사 학위를 받은 후 미국 하버드 대학교 화학과에 가서 했다. 박사 후 연구원으로 찰스 리버(Charles Leiber) 교수 실험실에서 2005년부터 2년 6개월 동안 머물렀다. 박홍규 교수는 "나노 분야에서 가장 유명한 사람이 누구일까를 알기 위해 구글에서 찾아봤다. 리버 교수가 압도적인 존재감을 보이고 있었다. 리버 교수 실험실에서 연구하고 싶다고 이메일을 보냈다."라고 말했다. 마침 리버 교수가 삼성 전자와 비즈니스가 있어 서울에 왔을 때 면접을 볼 기회를 얻었다. 박사 후 연구원을 잘 받아 주지 않던 곳이었다.

하버드 대학교에서 박사 후 연구원으로 일하고 2007년 가을에 고려 대학교 교수로 자리를 잡았다. 2년 뒤에 한국 연구 재단의 과제를 받아 극미세 나노 선 광소자 창의 연구단을 꾸려 본격적으로 연구를 시작할 수 있었다. 연구단 이름에 들어가 있는 광소자 중 하나가 빛 트랜지스터다. 그런데 극미세는 또 무엇일까?

박홍규 교수는 "예리한 질문"이라며 이렇게 설명했다. "빛을 가둬 놓고 양쪽에 거울을 놓으면 빛이 양쪽 거울 사이를 오간다. 그러면 거울과 거울 사이에 집어넣은 물질과 반응을 하고, 그 물질에서 빛이 나오도록 한다고 앞에서 설명했다. 전자의 에너지 상태를 들뜬 상태에서 바닥 상태로 내려가게 하고, 그때 광자를 방출하도록 하는 걸 유도 방출이라 한다. 실험실에서 만든 나노 구조체를 거울로 사용할 수 있다. 그런데 나노 크기는 빛 파장보다 작다. 빛이 나노 선에 갇히지 않고 빠져나갈 수 있다. 구조체가 너무 작으면 빛이 나노 구조체를 보지 못하기 때문이다. 그걸 보게 하는 방법이 있다. 금속 코팅을 하면 된다. 보통 나노 선보다 더 가는 나노 선이라 해도 코팅을 하면 거울이 된다. 더 가는 나노 선을 이용한 소자를 만들어 보겠다는 취지로 극미세 연구단을 제안했다."

　　　　　　　　　　　7장 나노 광학과 신경 과학을 융합하다

재료를 연구하는 과학자의 실험실에 있는 작은 노(爐, furnace)를 섭씨 1,000도로 가열하면 안에 들어간 물질들이 재조립되는데, 그러면 이상한 나노 물질이 많이 만들어진다고 했다.

박홍규 교수는 2017년 연구년을 맞아 박사 후 연구원 시절 보스를 찾아 하버드 대학교에서 6개월간 머물렀다. 당시 세계적인 나노 선 연구자인 리버 교수가 그에게 이제 자신은 신경 과학을 공략할 것이라 말했다. 리버 교수의 학생은 모두 신경 과학, 즉 뇌를 연구하고 있었다. 이 사건은 박홍규 교수 연구에도 전환점이 됐다. 리버 교수는 나노 선을 처음으로 만든 화학자다. 그것으로 《사이언스》, 《네이처》에 수백 편의 논문을 썼다. 그런데 그것을 버리고 앞으로 신경 과학을 한다니 놀라지 않을 수 없었다. 이에 자극을 받아 박홍규 교수도 신경 과학으로 연구를 확장하기 시작했다.

"나는 기본적으로 나노 구조를 만들고, 나노 물질 합성을 연구한다. 이것의 광학적 특성과 전기적 특성도 보았다. 그리고 '이것을 생명체에 넣었을 때 어떤 가능성이 있을까?'로 연구를 넓혀 가고 있다. 신경 과학을 한 게 3년쯤 됐다."

그는 치매 연구를 예로 들었다. "사람들은 치매를 연구하고 싶어한다. 그런데 신경이 어떤 식으로 작동하고 문제가 생기는지 잘 모른다. 미국에서 요즘 이 연구를 시작했다. 그동안 크게 보았던 것을 이제 나노 구조체를 집어넣어서 세밀하게 연구하자는 것이다. 한 신경 세포가 다른 신경 세포와 전기 신호로 어떻게 연결되어 있을까를 알아야 한다. 치매 환자는 왜 이 부분에서 전기 신호가 끊기는지를 나노 구조를 넣어서 알아보려 한다. 나노 연구를 하는 사람이 신경 과학에 뛰어들면 이 분야가 크게 발전할 수 있다."

박홍규 교수는 요즘은 공동 연구가 대세라고 말했다. 융합 연구는 세계적인 현상이다. "한 사람은 나노 물질을 잘하고, 다른 사람은 쥐 실험을 잘하고, 또 다른 사람은 빛 통제를 잘한다고 하자. 이 세 사람이 모이면 새로운 연구 분야를 만들 수 있다. 이게 진정한 의미의 연구다. 가령 미국에서는 하버드 대학교 2명, MIT 2명, 스탠퍼드 대학교 2명이 공동 연구를 한다. 우리는 그들을 쫓아갈 수가 없다. 지금까지 상상만 했던 걸 그들은 하고 있다. 그들은 체력도 좋고 연구도 열심히 한다. 우리가 밥 먹는 데 2시간 가까이 쓸 때 이들은 샌드위치로 때우면서 연구한다. 한국도 갇혀 있을 게 아니라 어떻게 하든 해외 그룹과 같이 공동 연구를 해야 한다. 마당발처럼 돌아다니며 '나는 이 연구를 할 수 있다.'라고 이야기해야 한다."

박홍규 교수는 쥐 뇌에 집어넣는 나노 구조체를 만들어 잘 작동하는지 실험하고 있다. 신경 세포들이 서로 어떻게 연결되어 있는지 리버 교수 팀과 공동 연구하고 있다. 박홍규 교수 밑에서 박사 후 연구원으로 일하는 이정민 박사가 고려대와 하버드를 3년째 오가며 연구하고 있다. 한국에서 나노 샘플을 만들고 하버드에 가서 쥐의 해마를 연구한다. 해마는 기억을 담당하는 뇌의 조직이다. "뉴런, 즉 신경 세포는 전깃줄이라고 보면 된다. 나노 바늘을 신경 세포에 찔러 넣은 후 반대편으로 나온 나노 선을 측정 장비에 연결한다. 그러면 전기 신호가 오가는지를 알 수 있다. 우리가 나노 구조를 잘 만드니 이 연구에 참여하고 있다. 지금은 나오는 신호를 보고 있지만, 나중에는 거꾸로 신호를 집어넣을 수도 있다. 그러면 어떤 일이 벌어질까 궁금하다. 나노 구조체를 뉴런처럼 작동시키겠다는 게 리버 교수의 취지다. 인공 뉴런이다. 신호를 주고받고 자극도 가한다."

지금은 해마에 나노 바늘을 100개 정도 집어넣는다. 앞으로는 훨씬 많이 집어넣을 계획이다. 1,000개, 1만 개를 목표로 한다. 그러면 뇌에서 신경 세포들이 어떻게 연결되어 있는지 지도를 만들 수 있을지 모른다. 성공적이라면 치매를 치료할 수도 있을 것이다. 리버 교수와 공동 연구하고 박홍규 교수가 공저자로 참여한 논문이 2018년 《사이언스》에 실렸다. 쥐의 눈에 백금으로 만든 나노 샘플을 주삿바늘로 찔러 넣고 망막에 나노 샘플들을 넣었다. 2주가 지난 뒤에도 나노 바늘이 망막에 잘 붙어 있었다. 그리고 전기 신호가 검출됐다. 나노 선 연구의 마지막 응용이 쥐 뇌에 나노 샘플을 집어넣는 것이다.

박홍규 교수가 동영상을 하나 보여 줬다. 나노 바늘을 꽂아 쥐의 동작을 제어하는 영상이었다. 쥐의 앞발이 아래위로 흔들렸다. 빛으로 통제하고 있었다. 신경 과학 쪽으로 논문이 2편 나왔고, 리버 교수와 함께 2편을 학술지에 제출한 상태라고 했다. 그는 "앞으로 2편 더 쓰면 어디 가서 나도 신경 과학을 연구한다고 말할 수 있을 것이다."라고 했다.

연구실 책장에는 건담 프라모델이 8개쯤 놓여 있었다. 그는 어려서부터 로봇을 만드는 게 꿈이었고, 부품을 사다가 조립하는 것을 좋아했다. 프라모델 조립에는 1주일 정도 시간이 걸린다. 아이가 크면서 집에 놓아둘 자리가 없어져 학교 연구실에 가져다 놓았다고 했다.

그는 한국 연구 재단이 주관하는 과학 강연인 '금요일의 과학 터치'에도 자주 참여한다. 강연을 위해 만들었던 프레젠테이션 파일을 보여 주었다. 아이들에게 물리학을 친숙하게 전달하기 위해 영화 마블 시리즈로 이야기를 풀어냈다. 「앤트맨」, 「어벤져스」와 같은 영화의 주인공들이 보였다. 나는 영화를 보지는 않았다. 박홍규 교수는 "「앤트맨」을 안 봤느냐? 「어벤져스」를 안 봤느냐?"라고 물어보면서 과학을 취재하는 기자가 어떻게 그럴 수 있느냐는 표정을 지었다. "꼭 봐야 한다. 영화를 보면 물리학자의 꿈이 무엇인지 알 수 있다. 로봇을 조립하면서 물리학자 꿈을 키웠던 내게는 인상적인 영화다. 특히 「아이언맨 2」가 그랬다." 마블 시리즈 영화 덕분에 요즘 아이들은 양자 물리학이 뭔지 모르지만 들어 보기는 했다는 것이 그의 말이다. 다른 사람과 같이 호흡하려면 마블 시리즈 영화를 봐야겠다 싶다. 양자 물리학을 말하는 마블이라니.

7장 나노 광학과 신경 과학을 융합하다

녹슬지 않는 구리를
만드는 단결정 연구자

정세영
부산 대학교 광메카트로닉스 공학과 교수

정세영 부산 대학교 교수(나노 과학 기술 대학 광메카트로닉스 공학과)는 퇴임 2년을 남겨 놓은 시점인 2022년 학술지《네이처》에 논문을 발표했다. 1991년 부산대 물리학과 교수가 되어 학자로 일한 지 31년 만에 처음 최상위 과학 학술지에 연구 결과를 냈다. 그 연배면 통상 연구에서 손을 뗀다. 그런데 정세영 교수는 정년을 목전에 두고 도리어 연구에 매진하고 있다. 그뿐만 아니다. 2020년에는 나노 과학 분야의 최상위 학술지인《네이처 나노테크놀로지(*Nature Nanotechnology*)》에 논문을 냈고, 2021년에는 좋은 재료 과학 학술지인《어드밴스드 머티리얼스》에 논문을 발표했다. 그에게 무슨 일이 일어난 것일까?

2022년 4월 부산 대학교 사무실로 찾아갔다. 학생 회관 2층에 있다는 그의 사무실 입구에는 "단결정 은행"이라고 쓰여 있었다. 학생 회관에 연구실이 왜 있나 싶었다. 정 교수는 물리학과 교수로 일하다가 밀양 캠퍼스에 나노 과학 기술 대학이 생기면서 그곳으로 갔다. 그

　　　　　　　　8장 녹슬지 않는 구리를 만드는 단결정 연구자

리고 몇 년 전 부산 캠퍼스에 사무실을 마련하다 보니, 공간이 이렇게 됐다고 했다. 그의 주된 연구실은 경상남도 밀양에 있다.

정세영 교수가 '단결정 은행' 사무실 한쪽으로 데려가 자신이 만든 금속 결정들을 보여 줬다. 구리와 은으로 만든 단결정(single-crystal)이었다. 결정(crystal)은 원자나 분자들이 주기성을 갖고 배열한 구조를 갖는 고체를 말한다. 그중에서도 단결정은 전체 원자들이 한 방향으로 고르게 잘 배열된 것을 가리킨다. 결정들이 부분적으로 불규칙하게 배열해 있으면 다결정(polycrystalline)이라고 한다.

정 교수는 "구리를 단결정으로 만들면 녹이 슬지 않는다."라고 말했다. 뉴욕 자유의 여신상은 구리인데, 녹이 슬어 청록색으로 보인다. 그런데 단결정으로 구리를 만들면 표면으로 산소가 들어가지 못한다. 정 교수가 보여 주는 구리 단결정은 만든 지 6년이 됐다. 엊그제 만든 구리처럼 반짝인다. 산화되지를 않는다. 정 교수는 "구리 씨앗(seed)을 구리가 녹아 있는 용액에 담그고 천천히 끌어올리면 구리 단결정이 이렇게 자란다. 1시간에 1센티미터쯤 올리면 된다."라고 말했다.

그의 사무실에는 오디오 세트가 놓여 있었다. 오디오 케이블은 은(silver) 단결정으로 만든 것이다. 정세영 교수가 만든, 전 세계에서 유일한 은 단결정 소재 오디오 케이블이다. 스피커 내부 회로도 금속 단결정으로 바꿔 놓았다고 했다. 그가 오디오를 켜서 소리를 들려줬다. 정 교수에 따르면 오디오가 만든 소리가 케이블을 통과하면서 잡음이 생기지 않고 그대로 스피커로 간다.

노벨 물리학상을 받은 영국 과학자 폴 디랙(Paul Dirac)을 유명하게 만든 '디랙 델타 함수(Dirac delta function)'라는 게 있다. 정해진 위치에서만 함숫값을 갖고 다른 위치에서는 0의 값을 갖는다. 오디오가 보내는 신호를 일종의 디랙 델타 함수라고 보면 일반 케이블에서는 신호가 퍼지는 반면, 은 단결정 케이블을 통과한 신호는 디랙 델타 함수의 모양이 왜곡되지 않는다. 그러니 소리가 좋을 수밖에 없다.

그는 음악을 켜 놓고 그 앞에서 말을 해도 말과 오디오 소리가 크게 간섭 현상을 일으키지 않는다고 했다. 간섭 현상이 일어나면 두 소리가 엉켜 사람 말이 잘 전달되지 않는다. 그는 은 단결정 케이블을 교내 벤처로 상업화해서 한때 매출을 꽤 올리기도 했다. 교수 일을 하면서 그 일을 계속하기가 힘들어 지금은 개점 휴업 상태다. 취재하러 갔다가 은 단결정 오디오 케이블 이야기를 들으니 그쪽으로 귀가 솔깃해졌다.

정세영 교수는 부산 대학교 물리학과 77학번이다. 부산대에서 석사 학위를 받았고, 독일로 유학을 떠났다. 처음에는 뮌스터 대학교에서 금속 물질을 공부하려 했다. 그런데 뜻대로 일이 안 되어, 쾰른 대학교 결정학과에서 1985년 박사 공부를 시작했다. 지도 교수는 지크프리트 하우쇨(Siegfried Hausühl) 교수였다.

세계 결정학회는 1914년을 결정학 원년으로 삼는다. 그해 독일 연구자 막스 테오도어 펠릭스 폰 라우에(Max Theodor Felix von Laue)가 엑스선 회절법으로 결정 구조를 알아낸 성과로 노벨 물리학상을 받았다. 그로부터 1세기가 지난 2014년에 결정학 100년을 맞아 결정학자들은 큰 기념 행사를 열었다. 1953년 제임스 왓슨(James Watson)과 프랜시스 크릭(Francis Crick)이 DNA가 이중 나선 구조라는 것을 알아낼 때 참고한 분석법도 엑스선 회절 방법이었다. 정 교수가 "누가 물으면 나는 결정 물리학자라고 말한다. 결정 물리학은 결정학과 물리학의 교집합 분야다."라고 말했다. 독일과 영국의 큰 대학에는 결정학과가 있다. 한국에는 결정학을 하는 데가 없다. 결정학은 화학과 재료 과학을 지원하고 물리학도 결정학의 도움이 필요하다. 정 교수가 공부한 쾰른 대학교의 경우 광물학과와 결정학과가 하나의 단위로 편성되어 있었다.

정 교수는 귀국해서 1991년 부산대 물리학과 교수가 되었다. 그리고 진공 체임버가 설치된, 초크랄스키 방법(Czochralski method)을 이용한 결정 성장 장치와 방법을 자체 개발했다. 쾰른 대학교에 있을 때도 거의 직접 만들었는데, 한국에 와서 연구실을 구축하면서 장비를 직접 제작했다. 정 교수는 "연구용으로 소형 결정 성장 체임버를 만든건 당시로서는 국내에서 처음이라고 알고 있다. 그리고 그전에는 공기 중에서 산화돼도 상관없는 물질을 많이 키웠으나, 진공 체임버를 부착하면서 쉽게 산화하는 물질을 키우는 것도 가능해졌다."라고 말했다. 체임버의 도가니 안에 만들고자 하는 결정 물질을 녹인 용융액이 들어 있다. 회전하고 있는 용융액에 종자가 되는 씨앗 결정(seed crystal)을 집어넣고 서서히 끌어올리면서 결정을 성장시킨다. 한국 연구 재단의 소재 지원 사업으로 '단결정 은행'을 만들어 1998년부터 운영하기 시작했다. 단결정을 만들어 전국의 연구자에게 제공했다. 그는 연 1만 개 정도를 전국에 공급했다. 단결정 은행에 직원이 4명이 근무하고 있다.

그는 처음에는 유전체를, 그다음에는 자성체, 자성 반도체 순으로 연구를 했다. 그러다가 금속인 구리 단결정을 만들게 된 것은 2000년을 전후해서 대전 한국 원자력 연구원의 중성자 연구팀이 구리 단결정을 만들어 줄 수 있느냐고 요청해 온 게 계기가 됐다. 정세영 교수는 금속 단결정은 만들어 본 적이 없었다. 한국 원자력 연구원 관계자는 중성자 빔을 쏠 때 빔이 특정한 파형을 가져야 하는데, 결정면에 보내서 통과시키면 자신들이 원하는 모양이 나온다고 했다.

단결정을 만드는 사람이 한국에 정세영 교수밖에 없었나? 정 교수에 따르면, 그가 독일 유학을 가기 전만 해도 사람들이 좀 있었다. 그러나 학문의 발전 방향이 바뀌어 덩어리 결정을 키우는 사람들이 대부분 사라졌다. 얇은 막, 즉 박막 연구 쪽으로 관심이 많이 쏠리면서 벌크(bulk), 즉 덩어리 결정을 키우는 일을 하지 않게 되었다. 정 교수도 2012년경부터는 박막을 주로 연구하게 됐다. 하지만 덩어리 결정을 성장시키는 몇 안 되는 결정 성장 연구자로, 그리고 재료, 화학, 응집 물리학 연구에 기반이 되는 결정학의 명맥을 이어 오는 몇 안 되는 사람으로 남아 있다.

정 교수가 처음 금속 단결정을 연구한다고 했을 때, '구리를 더 연구할 게 있나?' 하는 반응을 보이는 사람이 많았다. 실제로 구리 연구를 위해 연구 재단에 과제를 신청하면 매번 떨어졌다. 구리를 왜 연구하느냐는 것이었다. 15년간 과제를 못 받았다. 대학원생도 스핀 트로닉스(spintronics, 응집 물질 물리학의 한 분야)나 스핀 관련 연구를 하려고

8장 녹슬지 않는 구리를 만드는 단결정 연구자

하지 구리 연구를 하지 않으려 했다.

정 교수는 학교 안팎의 일로 바빴다. 한국 물리학회에서 총무, 부회장 업무를 맡으며 17년간 학회 일을 도왔다. 한국 물리학회가 발행하는 영어 국제 학술지인 《CAP(*Current Applied Physics*)》의 편집 위원장 (2014~2016년)으로도 일했다. 《CAP》은 네덜란드의 과학 기술 전문 출판사 겸 정보 분석 기업인 엘스비어와 공동 발행한다. 또 학생들을 대상으로 한국 결정 성장 콘테스트를 매년 열었다. 1997년부터 2020년까지 23년간 정세영 교수의 단결정 은행 주관으로 결정을 잘 키워 오는 학생에게 상을 줬다. 1등은 과학 기술부 장관상을 줬다. 행사의 인기가 높을 때는 행사에 학생 4,000명이 참가했다. 결정 키우는 법을 가르쳐 주고 1년 뒤에 출품하도록 했다. 부산대 학생 회관 1층의 '산학 협력실' 입구 진열장에는 대회에 참가한 학생들이 키운 결정 수십 점이 전시되어 있다. 투명하거나 파란색 결정들이었다.

그뿐만 아니다. 교내 벤처 사업을 했다. 앞에서 말한 오디오 케이블 사업이다. 한국 원자력 연구원에 구리 단결정을 만들어 주고 남은 결정을 가공해서 와이어로 만들어야겠다고 생각했다. 그때가 1998년쯤이었다. 그리고 와이어로 만든 게 2004년이었고, 그리고 특허를 내고 2006년에 창업했다. 회사 이름은 MC LAB. 금속 단결정으로 만든 오디오 케이블을 판매했다. 단결정을 만들었고, 이를 와이어로 잘라내는 금속 방전 가공 기술을 확보, 미국과 일본 등 8개국에 특허를 냈다. 2006년 첫해 매출이 200만 원이었고, 이후 매출이 증가해 2000만 원, 2억 원, 그리고 10억 원을 찍었다. 직원이 한때 10명까지 있었다.

세계 최초로 금속 단결정 오디오 케이블을 만들었다고 했더니, 독일 뮌헨에서 열린 오디오 전시회 하이 엔드(HIGH END)에 2009년을 전후해 몇 년 계속 참가했다가 대박이 났다. 단결정을 키우고 덩어리를 깎아서 오디오 케이블을 만든 것을 보고 사람들이 놀랐다. 네덜란드 기업이 전 세계 판매권을 달라고 요구해 왔다. 정세영 교수는 "이러다가는 연구와는 영 멀어지겠다는 생각이 들었다. 그래서 연구로 돌아왔다. 안 그랬으면 지금과 같은 박막 연구는 못 했을 것이다."라고 했다.

2018년 모든 것을 멈췄다. 학교 안의 보직도 내려놨고(2014년부터 2016년까지 나노 대학 학장을 맡았다.), 대외 활동도 멈췄다. 대학원생도 더 이상 받지 않았다. 나이 60세였다. 그때부터 제대로 연구 논문을 읽기 시작했다. 쾰른 대학교 은사의 말이 떠올랐다. 하우쉴 교수는 박사 학위를 받고 한국으로 돌아가는 제자에게 "학생 시키지 말고 직접 실험하라."라고 말한 바 있다. 정세영 교수는 교수가 되고 30년간 지키지 못한 지도 교수의 당부를 60이 되어서야 지켰다. 2018년은 그의 연구년이었다. 정 교수는 수원에 있는 성균관 대학교로 갔다. 에너지 과학과의 응집 물질 물리학자 이영희 교수에게서 공동 연구 제안을 받았다. 이영희 교수는 기초 과학 연구원(IBS) 나노 구조 물리 연구단 단장을 겸하고 있다. 좋은 연구 성과를 많이 내고 있어 그의 지도와 에너지를 많이 받았다.

구리 단결정이 아니라 구리 박막 만들기를 시도한 것은 2012년 정도였다. 소자용 구리 선은 시간이 갈수록 작고 얇은 게 요구되고 있다. 가령, 핸드폰에 들어가는 구리 선이 그렇다. 구리 박막을 단결정으로 만든 연구 결과를 2014년에 내놓았다. 인조 사파이어를 기판으로 해서 그 위에 구리를 쌓아 올려 박막을 만들었다. 약 9나노미터의 표면 거칠기를 갖는 구리 박막이 만들어졌다. 원자 기준으로 말하면 원자 30~40개 층 높이로 우둘투둘했다. 만들어진 박막은 적어도 한쪽으로는 완벽하게 정렬된 상태였다. 박막 분석 장비인 EBSD(electron backscatter diffraction, 전자 후방 산란)로 촬영했을 때 파란색만 나온 게 그 증거다. 덩어리 단결정을 만드는 기술이 있기에 가능했다. 정 교수 이야기를 들어 본다.

"박막 성장은 기판 위에 표적 물질의 원소를 떼어 내어 하나씩 쌓아 가는 과정이다. 사파이어 기판 위에 구리 박막을 성장시킬 경우, 구리 표적 물질이 필요하고 구리에 높은 에너지를 가한다. 그러면 구리 원자가 하나씩 떨어져 나오며, 그걸 천천히 기판 물질 위에 쌓아 가는 것이다. 표적 물질이 단결정이 아니면 떨어지는 원자들이 덩어리가 되어 박막 품질이 나빠진다. 원래 사파이어와 구리는 원자 간 간격이 달라 사파이어 기판 위에 구리 단결정 박막을 성장하는 것은 불가능하다. 그러나 예컨대 사파이어의 알루미늄 원자 13개 주기마다 열네 번째 구리 원자가 정확히 위치가 맞아떨어진다. 달리 말하면 두 원자의 격자 상수가 다르나, 장(長)주기를 맞추는 방법으로 구리 박막을 결함 없이 성장시킬 수 있다."

단결정이 있는데 굳이 박막을 만드는 이유는 무엇일까? 정 교수는 "더 얇게 더 작게 만드는 것이 박막 성장의 목적이다. 핸드폰과 같은 작은 모바일 기기에 더 많은 기능을 넣기 위해서는 더 작아져야 하고

최준석의 과학 열전 2 물리 열전 하

덩어리 결정을 키워서 사용하면 박막 만드는 것보다 비용도 훨씬 많이 들어간다. 품질과 기능은 더 좋아지고 소재는 적게 사용하는 박막이 더 효율적이다."라고 설명했다.

그러나 2014년 처음 만들어 본 구리 박막은 '흉내 내기'였다. 그 이후 장비 개선을 거듭하여 박막 표면 거칠기를 원자 1개 층 수준으로 구현하는 데 성공했고, 그 논문을 2022년 3월《네이처》에 발표할 수 있었다.

기존에 박막 거칠기 세계 기록은 중국 그룹이 2년여 전에 내놓은 원자 12개 층 수준이었다. 구리 원자 4개 층 높이가 1나노미터니, 중국 그룹 기록은 3나노미터의 거칠기 정도에 해당했다. 정세영 교수 그룹이 만든 구리 표면은 원자 1개 층이고 0.2나노미터 크기다. 기존보다 원자 층수로 12분의 1만큼 평평하게 표면을 만들었다. 이러한 연구를 수행하는 데는 분석 기술의 도움이 컸다. 성균관 대학교 에너지학과 김영민 교수가 보유한 투과 전자 현미경(transmission electron microscope, TEM)으로 보니 표면에 원자 1개 층 계단밖에 없었다.

놀라운 일이 또 있었다. 원자 1개 층 거칠기로 만든 구리 막을 공기 중에 노출해 1년을 지켜봤다. 표면이 산화되지 않았다. 물질 표면이 산화되느냐 안 되느냐는 물리학과 재료 공학 연구자에게는 중요한 이슈다. 산화가 안 되게 만들려는 게 그들의 연구 목적이다. 원자 1개 층의 거칠기를 갖는 구리 박막은 왜 산화가 되지 않은 것일까? 왜 산소가 구리 원자 안으로 침투하지 못한 것일까?

구리의 산화 원리를 규명하기 위해서는 이론 연구자가 필요했다.

8장 녹슬지 않는 구리를 만드는 단결정 연구자

연구는 수원 성균관대에서 연구년을 보낼 때 같은 방을 쓰던 미국 미시시피 주립 대학교의 김성곤 박사가 했다. 김 박사는 구리 표면의 원자층으로 산소 뚫고 들어가려면 얼마의 에너지가 필요한지를 계산했다. 표면 거칠기가 원자 2개 층 이상일 경우 구리 내부로 산소 원자가 쉽게 침투하는 반면, 원자 1개 층일 때는 침투하는 데 높은 에너지가 필요하다. 그 때문에 상온에서는 산화가 일어나지 않음을 밝혔다. 게다가 초평탄 박막 표면에 있는 산소는, 산소가 자리 잡을 수 있는 자리의 50퍼센트가 차면 다른 산소가 표면에 접근하지 못하게 함으로써 산화를 억제하는 자기 조절 기능이 있다는 것도 알아냈다. 산화 원리에 초점을 맞춰 논문을 썼더니,《네이처》가 받아들였다.

정세영 교수는 초평탄 구리 박막을 에너지를 가해 강제로 산화시킬 경우 1,890개의 색깔로 산화시킬 수 있다는 것도 알아냈다. 산화막 두께에 따라 다른 색이 나오는 것이었다. 이는《네이처》논문에 앞서 2021년 학술지《어드밴스드 머티리얼스》에 발표되었다.

정세영 교수는 매주 토요일 미국에 있는 김성곤 교수와 온라인 화상 회의 프로그램인 '줌'으로 3시간 정도 토론을 하고 김영민 교수와도 매주 만나 회의를 한다. 현재 6개 주제의 공동 연구가 진행되고 있다. 2022년 중에 내놓을 연구 결과에도 상당한 기대를 하고 있다. 정세영 교수는 "좋은 연구는 혼자서 해낼 수 없다. 여럿이서 하면 혼자 하는 것보다 훨씬 더 좋은 일을 할 수 있다. 그런 측면에서 김영민 교수, 김성곤 교수와 함께하는 연구는 즐겁고 보람 있다. 나에게 행운이다."라고 강조했다.

구리가 녹슬지 않으면 금을 대체할 수 있다. 금이 귀금속인 것은, 전기 전도성은 구리보다 못하지만 녹이 슬지 않기 때문이다. 그런데 정세영 교수는 구리, 철, 니켈의 산화를 원천 차단할 수 있는 기술을 개발한 것이다.

정년이 멀지 않은 시점에서 연구의 불꽃이 뜨겁게 타오르고 있었다. 그는 "독일에 처음 유학 갔을 때 금속을 공부하려 했는데, 수십 년이 지나 이제 금속을 연구하고 있다. 금속과 내가 만나야 하는 필연 관계가 있었던가 보다."라며 웃었다.

9장 물질파를 만드는 실험 장인

김재완
명지 대학교 물리학과 교수

김재완 명지 대학교 물리학과 교수가 『파인만의 물리학 강의』 3권을 책장에서 꺼냈다. 경기도 용인에 있는 명지 대학교 자연 과학 캠퍼스 차세대 과학관 내 연구실이다. '파인만의 빨간 책'이라 불리는 이 유명한 책의 양자 역학 편을 펼쳤다. 1장 「양자적 행동」에 나오는 삽화 몇 개를 보여 줬다. 김재완 교수는 "과학에 관심이 있으니, 이 책을 갖고 있을 거라고 생각해서 꺼냈다."라고 말했다. 전자가 입자이면서도 파동처럼 행동한다는 것을 설명하는 사고 실험 그림들이다. "총알 실험", "파동 실험", "전자 실험", "약간 변형된 전자 실험"이라고 쓰여 있다.

전자총이 있다. 저편에는 구멍이 2개 뚫린 판이 놓여 있고, 그 뒤에는 스크린이 설치돼 있다. 판 앞쪽에서 전자총을 쏜다. 전자총을 떠난 전자가 스크린에 맞으려면 앞에 있는 구멍 2개 중 하나를 통과해야 한다. 전자총을 계속 쏘면 전자들은 구멍을 통과하고 그 뒤의 스

9장 물질파를 만드는 실험 장인

크린에 탄착군을 형성할 것이다. 이것은 상식이다. 그런데 좀 이상하다. 스크린에 보이는 탄착군이 총알이 와서 만든 모양이 아니고, 간섭 무늬다. 간섭 무늬는 입자가 아니라, 파동이 만드는 특징이다. 가령 파도가 구멍을 통과하면 그 뒤에 간섭 무늬가 생긴다.

전자 총알의 기이한 특성이 하나 더 있다. 앞의 실험과 비슷한데, 이번에는 전자가 구멍 2개 중 어느 구멍으로 지나가는지를 관찰한다. 그러면 진자총을 아무리 쏴도 뒤의 스크린에 간섭 무늬가 생기지 않는다. 전자는 낯을 가리는 사람처럼 누군가가 보고 있으면 파동이라는 얼굴을 드러내지 않는다. 입자인 척 행동한다.

김재완 교수는 무엇을 연구하기에 물질의 근본적인 속성인 입자와 파동 이중성에 관해 이야기하는가? 만나러 가기 전에는 원자 간섭계(atom interferometer)를 이용해 정밀 측정을 하는 물리학자라고 알고 있었다. 한국 중력파 연구 협력단 소속으로 중력파 검출기에 필요한 기술을 연구한다고 들었다. 간섭계는 파동 2개가 만날 때 일어나는 간섭 현상을 이용하는 장치다. 각각의 파동 모양이 다르면 상쇄(파동의 골이 얕아지는 경우) 혹은 보강(파동의 골이 깊어지는 경우)이라는 간섭 현상이 일어난다. 원자 간섭계는 원자들의 간섭 현상을 이용한 정밀 측정 기기라고만 이해했다.

김재완 교수는 서울 대학교 물리학과 89학번이다. 같은 대학원 물리학과에서 2003년 박사 학위를 받았다. 이후 2003년부터 2004년까지 프랑스 파리 고등 사범 학교 산하 카슬러-브로셀 연구소(Laboratoire Kastler Brossel, LKB-ENS)에서, 2005~2006년에는 프랑스 국립 표준 연구소(Laboratoire national de métrologie et d'essais, LNE-SYRTE)에서 일했다. 이후 2006년부터 명지 대학교 교수로 근무하고 있다.

물리학에는 광학, 고체 물리학, 통계 물리학, 입자 물리학 등이 있다. 김재완 교수는 원자 물리학(atomic physics)을 연구한다. 원자 물리학이라는 용어가 낯설다. 원자나 물리학이라는 개별 단어는 익숙하나, 둘을 합해 놓은 '원자 물리학'은 뭘 연구하는 것일까? 원자 물리학은 원자와 빛 사이의 상호 작용을 연구한다. 원자가 어떤 상태에 있고 어떻게 행동하는지를 보려면 빛을 쏴서 그 반응을 봐야 한다. 원자를 연구하는 도구는 빛, 즉 레이저다.

원자 물리학은 20세기 초 양자 물리학이 탄생하면서 나왔다. 본래 원자의 스펙트럼을 보는 원자 분광학으로 시작했다. 원자에서 나오는 빛을 연구했다. 미시 세계의 역학 법칙인 양자 역학 이론을 검증하기 위한 수단으로 원자를 연구했다. 원자 물리학이 전기를 맞은 것은 1990년대였다. 2세대 원자 물리학이 등장했다. 레이저 기술의 발달이 계기였다. 이전 연구는 원자에서 나오는 빛을 수동적으로 관찰하는 것이었지만, 이제 레이저를 가지고 능동적으로 원자를 조작하는 연구가 시작됐다.

빛을 쏘아 원자의 속도와 위치를 조작하는 것을 레이저 냉각 및 포획(laser cooling and trapping)이라고 한다. 원자는 공기 속에서 통상 음속과 비슷한 초속 300미터 속도로 이동한다. 수많은 광자로 이루어진 레이저를 원자에 쏘이면 원자의 이동 속도를 초당 1센티미터 이하로 줄일 수 있다. 레이저와 자기장을 적절히 사용해 원자를 원하는 곳에 붙잡아 둘 수 있다.

김재완 교수는 "내 연구는 여기서 더 나아가야 한다. 원자 속도를 아주 내리면 원자는 입자가 아니라 파동처럼 행동한다. 양자 역학에서 물질은 입자와 파동의 두 가지 성질을 다 가지고 있다고 말하는데, 입자의 이동 속도를 내리면 입자보다 파동적인 성질이 크게 나타난다. 내 연구실은 레이저 냉각, 그리고 추가적인 냉각을 해서 파동처럼 행동하는 원자, 즉 원자의 물질파를 생성하고 이를 이용한 실험을 한다."라고 말했다.

원자의 물질파 특성을 극대화해 만든 게 원자 간섭계다. 레이저로 만든 빔 가르개(beam splitter)를 사용해서, 루비듐 원자의 물질파를 갈라 두 경로로 내보낸다. 두 경로로 나간 물질파를 이후 다시 하나로 합치고, 합쳐진 물질파를 원자 검출기에서 본다. 서로 다른 경로를 지나온 물질파들은 위상(phase)이 달라지기 때문에 이 물질파 2개가 만나면 보강 혹은 상쇄 간섭 현상이 나타난다. 보강 또는 상쇄가 나타나는지는 간섭 신호로 확인할 수 있다. 이는 광학 간섭계에서 빛의 밝기가 커지거나 작아지는 것을 보는 일과 유사하다.

정밀 측정을 요구하는 연구나 산업 현장에서 광학 간섭계, 즉 빛을 이용한 간섭계를 많이 사용한다. 중력파를 검출한 미국의 LIGO는 광학 간섭계를 이용한 정밀 측정의 끝이라고 할 수 있다. (LIGO는 Laser Interferometer Gravitational-Wave Observatory의 줄임말이다. 우리말로는 레이저 간섭계 중력파 관측소다.) 광학 간섭계에 사용하는 빛은 질량이 없으나, 원자 간섭계가 쓰는 원자는 질량을 갖고 있다. 질량을 갖고 있기에 원자 간섭

계는 중력의 영향을 받는다. 그래서 원자 간섭계는 중력 혹은 관성력
(원심력이나 코리올리 힘 등이 그 예이다.) 측정을 하는 데 좋다.

원자 간섭계를 소형화하면 차량에 싣고 다니면서 특정 장소의 중
력을 정확히 측정할 수 있다. 원자 간섭계의 소형화가 김재완 교수의
연구 영역 중 하나다. 소형 중력 측정기의 용도는 다양하다. 바다 깊
숙이 들어가는 잠수함에도 중력 측정기가 탑재된다. 우주선에도, 미
사일에도 필요하다. 모두가 자기 위치를 정확히 알아야 하는 물체들
이다. 이를 위해 필요한 장치가 관성 항법 장치다. 김재완 교수 연구
실에 있는 연구원들은 원자 간섭계 소형화 작업을 하고 있다. 이 연
구는 프랑스에서 박사 후 연구원 생활을 마치고 2006년 명지 대학교
교수로 부임하면서 시작했다. 중간에 국방 과학 연구소 관련 연구도
수행했다.

김재완 교수는 서울 대학교 박사 논문을 레이저 냉각과 보스-아
인슈타인 응축 실험으로 썼다. 보스-아인슈타인 응축은 보손(boson)
이라는 입자들이 절대 영도(0켈빈)에 가깝게 냉각되었을 때 보이는 물
질의 독특한 모습을 가리킨다. 1925년 인도인 사티엔드라 나트 보스
(Satyendra Nath Bose)가 예측했다. 알베르트 아인슈타인(Albert Einstein)도
이를 연구했다. 그래서 두 사람 이름이 붙었다. 보손은 힘을 매개하
는 입자다. 빛의 입자이자 보손이기도 한 광자는 전자기력을 매개한
다. W와 Z 입자는 약력을, 글루온은 강력을 매개한다. 광자와 W/Z 입
자, 글루온이 보손이다.

"보손은 동일한 에너지 상태에 여럿이 들어갈 수 있다. 서로 밀어

내지 않으니 입자를 많이 쌓을 수 있다. 전자, 쿼크와 같이 물질 입자는 동일한 에너지 상태에 여럿이 들어갈 수 없다. 그런데 물질 입자, 즉 페르미온(fermion)도 특정한 경우에는 보손과 같은 성질을 띤다. 여러 개의 페르미온을 쌓아 올릴 수 있다. 그러면 어떻게 되느냐? 페르미온인데 보손의 특성을 갖는 원자를 레이저를 가지고 마음대로 조작할 수 있다. 박사 연구 때 보손 특성을 갖는 원자들의 온도를 내리는 실험을 했다."

매우 낮은 온도가 되면 원자들 사이의 거리가 좁아진다. 시적(詩的)으로 말해 서로를 느끼기 시작하면서 중첩(superposition) 현상이 일어나기 시작한다. 어느 순간 원자들이 내놓는 물질파들의 결이 맞는 상태가 된다. 그러면 원자들이 하나의 거대 입자인 것처럼 행동한다. 잘 훈련된 군인들이 발 맞춰 행진할 때 거대한 병대가 하나의 생물처럼 보이듯이 말이다. '보스-아인슈타인 응축'이 이런 순간에 나타난다. 김재완 교수는 박사 논문을 쓰기 위한 연구로 보스-아인슈타인 응축 실험을 위한 자기장 트랩(trap)을 만들었다. 자기장 트랩을 만들어 그 안의 원자들이 내놓는 물질파가 결이 맞게 되면, 원자 간섭계를 제작할 수 있다. 결이 맞는 원자 물질파를 갖고 간섭 현상이 일어나도록 파동을 가르고, 다시 합하는 게 간섭계 원리다.

그는 박사 학위를 받고 2003년 프랑스 파리로 갔다. 1999년 노벨 물리학상을 받은 레이저 냉각 연구자인 클로드 코엔타누지(Claude Cohen-Tannoudji) 박사가 박사 공부가 끝날 때쯤 서울 대학교에 왔다가 그에게 박사 후 연구원으로 오라고 제안했다. 김재완 교수는 카슬러-브로셀 연구소에서 헬륨 원자로 보스-아인슈타인 응축 실험을 했다. 당시 여러 과학자가 소듐, 루비듐, 리튬과 같은 원자에 대해서 보스-아인슈타인 응축 연구를 하고 있었다. 그런데 헬륨을 대상으로 한 실험에는 어려움을 겪고 있었다.

김재완 교수는 보스-아인슈타인 응축이 일어나기 직전의 준안정 상태(meta-stable)인 헬륨 원자 2개를 묶어 극저온 분자로 만들고, 헬륨의 충돌 길이(scattering length)를 알아냈다. 저온 원자 물리학 연구에서는 원자 충돌 연구, 즉 충돌 길이가 중요하다. 헬륨 충돌 길이를 알아낸 것이 2004년이었다. 실험실에서 거의 포기하려고 했던 연구였는데 김재완 박사가 결실을 얻었기에 코엔타누지 교수가 대단히 좋아했다. 이 연구는《피지컬 리뷰 레터스》에 실렸다. 이 경험은 김재완 교수가 원자를 이용한 정밀 측정 분야에 빠져드는 계기가 되었다.

두 번째 박사 후 연구원 시절을 프랑스 국립 표준 연구소에서 보내면서 원자 간섭계 그룹에서 연구했다. 이때 원자 간섭계를 이용한 중력 가속도 정밀 측정을 했다. 그리고 2006년 명지 대학교에 와서 일궈 낸 연구 성과는 위상 잠금 레이저(phase locking laser) 개발 연구다. 이는 소형 원자 간섭계 제작을 위한 핵심 기술이다.

김재완 교수가 2019년 현재 하는 연구는 양자 조임 상태 레이저(quantum squeezed state laser) 개발이다. 양자 조임 상태 레이저는 미국의 중력파 검출기 LIGO에 적용된 최첨단 기술이다. LIGO는 아주 미세한 중력파를 광자 개수의 미세한 변화를 관측해 확인한다. 양자 조임 상태 레이저는 광자 개수를 이보다 정확히 측정할 수 없는 양자적 한계

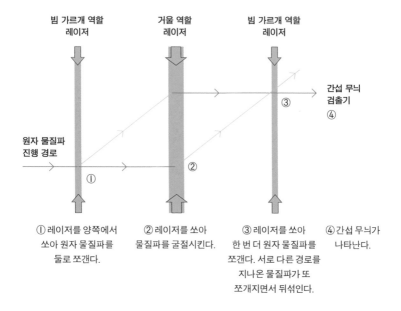

빔 가르개 역할
레이저

거울 역할
레이저

빔 가르개 역할
레이저

원자 물질파
진행 경로

간섭 무늬
검출기
④

①

②

③

① 레이저를 양쪽에서
쏘아 원자 물질파를
둘로 쪼갠다.

② 레이저를 쏘아
물질파를 굴절시킨다.

③ 레이저를 쏘아
한 번 더 원자 물질파를
쪼갠다. 서로 다른 경로를
지나온 물질파가 또
쪼개지면서 뒤섞인다.

④ 간섭 무늬가
나타난다.

양자 조임 상태 레이저 개념도. 원자 물질파를 쪼개고, 합쳐서 간섭 신호를 확인한다. 광자 개수를 가능한 정확히 측정하고자 양자적 한계까지 밀어붙인 기술이다.

까지 밀어붙여 측정할 수 있게 해 주는 기술이다.

　김재완 교수는 양자 조임 상태 레이저를 2019년 5월부터 만들고 있다. 그는 "중력파 검출기에 사용할 양자 조임 상태 레이저를 한국 천문 연구원과 공동 연구하고 있다."라고 말했다. 개발이 완료되면 일본이 추진 중인 KAGRA(Kamioka Gravitational Wave Detector) 중력파 검출 실험과 협력하는 방안을 검토할 수 있다. 그는 KAGRA 실험에서 한국을 대표해 사무국(executive office) 멤버로 일하고 있다. 양자 조임 상태 레이저 연구는 응용뿐 아니라 양자 역학의 핵심 개념을 테스트할 수 있는 도구라는 점에서 중요하다. 그는 이 문제를 지난 수년간 가슴에 품어 왔다. 양자 조임 상태 레이저를 만들어 이 문제를 실험해 보고자 한다.

레이저 빔 가르개를 사용하는 원자 간섭계에서는 원래 간섭 무늬가 검출되면 안 된다.『파인만의 물리학 강의』에 소개된 전자를 이용한 입자-파동 사고 실험을 다시 생각해 보자. 관측자가 지켜보고 있으면 전자는 파동과 같은 행동을 하지 않는다. 즉 간섭 무늬가 생기지 않는다. 원자 간섭계는 원자가 어느 경로를 따라가는지 알 수 있는 구조다. 즉 광자의 개수를 세는 것과 같은 방법으로 관찰자가 지켜보고 있다. 그러니 원자 간섭계 내의 루비듐 원자는 파동이 아니라 입자처럼 행동해야 한다. 그러나 원자 검출기에는 간섭 무늬가 생긴다. 이는 양자 역학의 기본 원리에 위배된다.

김재완 교수는 "간섭 무늬가 생기는 건 너무 이상하다. 왜 그럴까?" 그는 간섭 무늬가 발생하는 이유를 '양자 잡음' 때문이라고 생각한다. 양자 조임 상태 레이저를 만들어 생각대로 양자 잡음이 원자 간섭계의 간섭 무늬를 만들어 내는지를 확인하고자 한다. 그는 이어 "다른 물리학자는 이런 점에 주목하지 않은 듯하다."라며 "이를 확인하면 양자 역학을 조금 더 이해할 수 있게 될 것."이라고 말했다.

양자 잡음은 양자 역학의 기본 법칙인 불확정성 원리 때문에 발생한다. 독일 물리학자 베르너 하이젠베르크(Werner Heisenberg)가 1925년에 제시한 불확정성 원리에 따르면 관찰자가 동시에 정확히 측정할 수 있는 광자의 개수와 물질파의 위상에는 한계가 있다. 1개의 값, 예를 들어 광자의 개수를 매우 정밀하게 측정하려면, 물질파의 위상을 측정할 수 없다. 역(逆)의 경우도 마찬가지다. 결국 물리학자는 광자 개수를 정확히 측정할 수 없다는 근본적인 한계를 갖고 있고, 이는 양자 잡음이고, 이 때문에 원자 간섭계에 간섭 무늬가 생긴다는 게 김재완 교수의 착안점이다.

김재완 교수가 만들려고 하는 양자 조임 상태 레이저는 광자 개수 불확정성과 위상 불확정성이라는 변수 2개를 마음대로 조작할 수 있는 장치다. 개수나 위상 중 하나의 불확정성이 늘어나는 것을 감수하고서라도 다른 하나의 불확정성을 줄이는 것이 양자 조임 원리다.

김재완 교수는 "양자 조임을 했을 때 간섭 무늬에 변화가 있는지를 보고 싶다. 이를 통해 간섭 무늬의 근원이 양자 잡음이라는 걸 증명하고 싶다."라고 말했다. 양자 조임 상태 레이저 개발은 쉽지 않다. 실험 관련 배경 지식이 많이 필요하다. 2~3년 걸릴 것으로 예상했다.

10장 원자를 얼려서 만든 초유체를 들여다본다

신용일
서울 대학교 물리 천문학부 교수

신용일 서울 대학교 물리 천문학부 교수는 자신을 양자 기체(quantum gas) 연구자라고 소개했다. 양자 기체라는 용어는 생소하다. 신용일 교수는 "양자 기체 분야는 20년 전쯤 생겼다. 원자들의 움직임을 조절해서 재밌는 물리 현상을 연구하려는 것이 목적이다."라고 말했다.

그의 연구실은 서울 대학교 56동 4층에 있다. 그곳에서 실험실이 있는 23동으로 갔다. 두 건물이 통로로 연결돼 있다. 실험실에는 레이저 발생 장치와 극저온 원자 기체 생성 장치들이 있다. 진공 체임버 안에 기체 상태의 원자들을 뿌린다. 기체를 아주 낮은 온도로 냉각시켜 기체의 성질, 즉 물성을 연구한다. 사용하는 기체 원자는 소듐, 이터븀(Yb), 리튬, 루비듐이다.

신용일 교수는 서울 대학교 물리학과 95학번이다. 그는 원자 물리학의 역사를 알면 이해가 더 빠를 것 같다며 "원자가 내놓는 고유한 빛의 특성을 이해하게 된 게 양자 역학의 출발점"이라고 설명했다. 원자가 고유한 빛을 내놓는 이유는 원자핵 주변에 있는 전자가 특별한 에너지만 가질 수 있기 때문이다. 고전 역학에 따르면 전자는 모든 에너지 값을 가지고 있어야 한다. 그러나 양자 세계를 들여다보니 그렇지 않았다. 전자가 가진 에너지 상태는 불연속적이었다. 원자핵 주변에 있는 전자가 한 에너지 상태에서 다른 에너지 상태로 변할 때 원자에서는 고유한 파장의 빛이 나왔다. 과학자들은 원자들이 그런 에너지 상태로 존재한다는 것을 알게 되니, 그런 상태를 이용하고 싶어졌다. 원자 내부 상태를 통제하는 기술이 발전했다. 레이저가 대표적인 기술이다.

물리학자는 원자 내부 외에도 외부 움직임을 조정하고 싶어 한다. 그것이 양자 기체 물리학의 시작이다. 공기는 가만히 있는 것처럼 보이나 그렇지 않다. 공기 속 원자들은 빠른 속도로 운동한다. 신용일 교수는 지금 연구실 온도라면 공기 속 원자의 이동 속도는 초속 300미터일 것이라고 했다. 물리학자는 이런 원자의 움직임을 0으로 통제하고 싶어 한다.

원자의 운동 속도를 떨어뜨리는 첫 번째 방법은 레이저 냉각이다. 원자에 빛을 쪼이면 그만큼 에너지와 운동량이 늘어난다. 날아오는 축구공을 두 손으로 받으면 몸이 뒤로 밀려나는 것과 같다. 그런 원리를 이용해 광자 다발로 원자의 움직임을 제어한다. 원자가 움직이는 방향의 반대편에서 빛을 쏘아 원자의 운동 속도를 낮춘다. 온도는 공기 속 입자들의 평균 운동 속도다. 이 평균 운동 속도를 내리는 것이 바로 냉각이고, 빛을 쏘아 원자의 평균 운동 속도를 내리는 것이

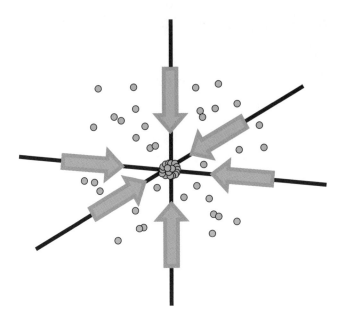

레이저 냉각법은 원자가 움직이는 방향에서 반대편으로 광자를 쏘아 운동 속도를 낮추는 방식이다. 원자는 무작위로 움직이므로 여섯 방향에서 레이저를 쏘아 원자를 포획한다.

니 레이저 냉각이다.

스티븐 추(Steven Chu), 클로드 코엔타누지, 윌리엄 필립스(William Phillips)는 레이저 냉각법으로 1997년 노벨 물리학상을 받았다. 레이저를 이용해 입자의 운동 속도를 초속 몇 센티미터까지 낮췄다. 이를 온도로 환산하면 절대 온도로 수백 마이크로켈빈에 해당한다. 절대 영도에 아주아주 근접한 것이다. 절대 영도, 즉 0켈빈은 물체가 아무런 에너지를 갖고 있지 않아 움직임이 완전히 멈춘 상태라고 한다. 실험실에서 이렇게까지 구현할 수 있다는 데 놀랐다.

레이저로 온도를 내리는 데는 한계가 있다. 추가로 나온 아이디어가 증발 냉각법(evaporative cooling)이다. 증발 냉각법을 쓰려면 우선 레이저 냉각법으로 기체 원자의 움직임을 늦춰야 한다. 레이저 냉각법은 진공 체임버에 기체 원자를 놓고 레이저로 냉각시킨다. 기체 상태이니 진공 체임버 안 공중에 띄워 놓은 것이다. 이렇게 해 놓고 증발 냉각법을 쓴다.

트랩에 잡아 놓은 기체 원자들을 보면 움직임이 빠른 것도 있고 느린 것도 있다. 이중 움직임이 빠른 원자를 트랩 밖으로 내보낸다. 이를 위해서는 트랩의 기체를 꽉 잡고 있는 강도를 조금 낮춘다. 그러면 높은 에너지, 즉 움직임이 훨씬 빠른 입자는 트랩 밖으로 나간다. 움직임이 빠른 원자들이 빠져나가면 속도가 상대적으로 느린 원자들이 남게 된다. 그러면 원자들의 평균 운동 속도가 느려진다. 평균 속도가 떨어졌다는 것은 온도가 내려갔다는 것이다. 온도를 추가로 내리는 데 성공했다. 이 과정에서 기체의 전체 원자 수는 줄어들었다. 증발했기 때문이다. 이 냉각법을 증발 냉각법이라고 한다. 종이컵에 커피를 놓아두면 시간이 지난 뒤 커피 높이가 달라진다. 운동량, 즉 이동 속도가 빠른 커피 속 분자가 증발한 것이다. 이렇게 증발하는 원리를 이용한 것이 증발 냉각법이다.

"증발 냉각법을 쓰면 온도가 1,000배에서 1만 배까지 떨어진다. 온도가 심지어는 1나노켈빈(10^{-9}K)까지 내려간다. 원자 기체의 새로운 성질이 나타난다. 이 성질을 연구하는 게 양자 기체 물리학이다."

증발 냉각법은 1995년 미국 콜로라도 대학교의 에릭 코넬과 칼 위먼, 그리고 MIT의 볼프강 케털리(Wolfgang Ketterle)가 찾아냈다. 이들은 이 공로로 2001년 노벨 물리학상을 받았다. "냉각하다 보면 어느 순간에 물질의 성질이 확 바뀌는 상전이가 나타난다. 이 상전이를 보스-아인슈타인 응축이라 한다."

보스-아인슈타인 응축은 1927년 사티엔드라 보스와 알베르트 아인슈타인이 이론적으로 예측한 바 있다. 자연계의 모든 입자는 보손과 페르미온으로 구분된다. 물질을 이루는 페르미온은 같은 에너지 상태에 같은 입자를 여러 개 집어넣을 수 없다. 반면에 힘을 전달하는 보손은 같은 에너지 상태에 여러 개가 들어간다. 절대 영도에 가까운 온도에서 보손 입자들의 행동이 달라진다. 이를 보스-아인슈타인 응축 현상이라고 한다. 이렇게 되면 보손들 사이에서 양자 중첩 현상이 일어나는 등 물질의 성질이 완전히 달라진다. 이처럼 접근할 수 없었던 영역이 열릴 때마다 새로운 물리 현상이 출현한다. 특히 사람들에게 즐거움과 호기심을 가져온 방향이 온도를 낮추는 것이었다.

양자 기체 연구의 배경에 관한 짧지 않은 설명이 끝났다. 이제는 그의 연구 이야기를 본격적으로 들어볼 시간이다. 신용일 교수는 "나노 켈빈이라는 아주 아주 낮은 온도에서 물질의 특별한 성질을 연구하는 사람, 이 정도가 나를 설명하는 데 어울리지 않을까 싶다. '무엇을 연구하느냐?'라는 질문을 받으면, '초유체(superfluid)를 연구한다.'라고 대답한다. 초유체에 관심이 많다."라고 말했다.

"초유체는 저온에서 발견된 놀라운 물리 현상 중 하나다. 이게 흥미로운 이유는 우선은 초유체 현상 자체가 완전히 해명되지 않았다는 것이다. 두 번째 이유는 새로운 초유체를 발견할 수 있다는 것이다. 세 번째 이유는 꿈과 같은 이야기이지만 잘하면 초유체 연구를 가지고 초전도가 발생하는 온도를 월등히 올려 상온 초전도체를 구현할 수 있다는 것이다. 초유체의 한 종류인 초전도체는 전기 저항이 없다. 에너지 손실 없이 전기를 보낼 수 있다. 발전소에서 도시까지 손실 없이 전기를 보낼 수 있다면, 그것은 꿈의 기술이다."

마찰 없이 흐르는 액체가 초유체다. 보스-아인슈타인 응축이 가지고 있는 독특한 성질이기도 하다. 초유체에 대한 물리학적 이해가 많이 이뤄졌으나 질문이 아직 많다. "초유체와 초전도체의 물성을 이해하려는 노력은 거의 같다. 초전도체의 경우 고체 내에서 전기가 저항 없이 흐른다. 고체 내 전자가 초유체가 되는 것이다. 1980년대에 섭씨 -70도에서 초전도체가 되는 물질이 발견됐다. 35년이 지난 지금도 초전도성이 왜 나타나는지 명확히 알 수 없다. 워낙 복잡한 다체계 양자 문제이기 때문이다. 쉽게 풀리지 않는다."

초전도성이 나타나는 이유와 관련한 이론가의 추측은 많다. 이론은 실험으로 검증해야 한다. 신용일 교수는 그런 흐름에 초유체 연구로 조금씩 기여해 왔다.

양자 기체 연구의 길을 걷게 된 것은 서울 대학교 물리학과 1학년 때인 1995년 《피직스 투데이(*Physics Today*)》라는 학술지를 본 게 계기다. 그해 보스-아인슈타인 응축 현상이 발견됐다. 학부를 졸업하고 미국 MIT로 유학 갔다. 보스-아인슈타인 응축을 연구하는 곳이 당시 세계에 두세 곳밖에 없었다. MIT가 그중 하나였다. 지도 교수는 볼프강 케털리였다. 박사 과정 1년 차인 2001년에 지도 교수는 노벨 상을 받았다.

신용일 교수는 박사 공부를 할 때 '보스-아인슈타인 응축 현상이 곧 원자 레이저'라는 아이디어를 가지고 원자 간섭계를 만들어 보였다. 이게 무슨 말인지는 묻지 않았다. 그는 원자 간섭계를 개발하는 연구를 통해 양자 기체 실험 연구에 입문했다. 박사 후 연구원 시절도 MIT에서 보냈다. 2009년까지 보스턴에서 살았다. 당시 연구는 강한 상호 작용을 하는 페르미온 기체의 초유체성 연구였다. 《네이처》와 《피지컬 리뷰 레터스》에 논문 몇 편을 썼다.

"당시 페르미온 기체 연구는 전자의 움직임 연구와 연결됐다. 전자의 물리량에 스핀이라고 있다. 스핀 방향은 '위' 혹은 '아래'다. 스핀 2개가 묶여서 보손처럼 행동하면 보스-아인슈타인 응축 상태가 된다. 그러면 초유체성이 생긴다. 이를 연구하기 위해 사람들이 페르미온 기체를 만들었다. 박사 후 연구원 때 한 일은 페르미온 2개가 상호 작용을 해서 생기는 초전도성을 자연이 허락하는 최고의 세기로 만든 것이다. 그런 영역을 'unitarity'라고 한다. 우리말로는 어떻게 표현하는지 모르겠다. 이 같은 일을 통해, 어떤 온도와 밀도에서 초유체성이 있는지 없는지를 보여 주는 상 그림(phase diagram)을 그렸다. 정량적으로 어떻게 되는지 보였다."

신용일 교수는 박사 후 연구원 생활을 마치고 2009년 서울 대학교에 왔다. 연구 중심 대학 육성 사업(World Class University, WCU)의 해외 학

10장 원자를 얼려서 만든 초유체를 들여다본다

자 초빙 프로그램을 통해 초빙 교수로 일하기 시작했다. 그리고 2년 후인 2011년 조교수로 임용되었다. 교수가 된 뒤에는 특히 '2차원 초유체성' 연구를 했다.

신용일 교수에 따르면, 2차원은 한쪽 방향의 움직임이 제한되어 있는 '납작한 시스템'이다. 납작한 시스템에서는 보스-아인슈타인 응축 현상이 없다고 알려져 있다. 그런데 2차원 물질 중에 초유체성을 보이는 게 있다. 2차원 구조란 층(layer)들로 겹겹이 이뤄진 구조를 말한다. 높은 온도에서 초전도 현상을 보이는 물질들은 이러한 층 구조를 갖는 것이 대부분이다. 2차원이 중요한 역할을 했을 것으로 추정된다. 차원이 낮아질수록 양자 요동이 심해진다. 차원이 낮을수록 우리 상식에서 어긋난다고 이야기할 수도 있다. 2차원은 다루기 어려우나 물리학적으로는 흥미롭다. 실험가들은 2차원에서 놀면 예상치 못한 발견을 할 수 있다는 이야기들을 한다.

2차원 물질의 초유체성 발현에 관한 이해가 충분치 않다. 양자 기체 실험에서는 기체를 만들어 놓고 한쪽 방향으로 누를 수 있다. 2차원 물질을 만드는 데 장점을 가지고 있다고 말할 수 있다. 여기에 추가해 스핀 자유도를 더 집어넣으면 새로운 초유체성이 나타날 것이라는 이론가의 예측이 있다. 신용일 교수는 이런 것들을 실험으로 살피고 있다. 유럽과 일본의 이론가와 협업하고 있다.

그가 서울 대학교에 온 지는 10년이 되었다. 필자가 그를 찾아간 건 2019년이다. 지난 10년의 연구를 이렇게 표현했다. "사람들이 있을 것 같다고 하는 물질 상태를 규명하지는 못했다. 그렇지만 연구 과정에서 그 물질 상태에서 나타나야 한다고 하는 위상체(topological object)를 발견했다. 그런 질서가 있을 때 나타나야 한다는 계의 들뜬 상태들이 있다. 들뜬 상태를 실험으로 명확히 관측하는 실험 결과를 최근 4~5년간 만들어 냈다. 예견됐던 물질 상태가 있을 것 같다는 심증이 강해지고 있다. 존재 유무를 결정적으로 알아내기 위한 실험을 현재 설계하고 있다."

그는 시료를 정확한 상태, 조건에 갖다 놓는 것이 어렵다고 말했다. 온도를 낮추는 것도 어마어마한 도전이다. 취약한 시료를 갖다 놓고 물성을 측정하는 게 쉽지 않다. 시료를 아주 고른 자기장에 놓아야 한다. 약간의 기울기, 휘어짐이 있으면 양자 기체 시료의 상태가 깨진다. 자기장을 고르게 유지하기가 어렵다. 지구 자기장의 영향도 있고, 실험실에 있는 철제 의자의 영향을 받을 수도 있다. 시료로 쓰고 있는 소듐 원자 기체의 크기는 대략 500×500마이크로미터다.

이론가는 이러저러한 환경에서 기대하는 효과가 나타날 것이라고 쉽게 말한다. 하지만 실험가는 이를 구현하는 데 무지막지한 어려움을 겪는다. 실험 물리학자가 시료의 온도를 1나노켈빈으로 내리는 데 40년이 걸렸다. 실험실에서 자기장 편평도를 만들어 내는 것도 수년에서 수십 년이 걸릴 수 있다.

또 시료를 진공 체임버 내 트랩에 잘 놓았으나, 시료의 온도가 올라가 금세 증발될 수도 있다. 시료 수명은 불과 몇십 초다. 시료는 시간이 경과하면 점점 줄어든다. 그러니 정해진 시료의 수명 안에 실험 조건에 도달할 수 있느냐가 중요하다.

그간에 했던 연구 중 주목받은 것이 무엇이냐고 물었다. 신용일 교수는 "소소하게 이것저것 했다. 2차원 초유체 말고 난류 연구를 한 게 있다."라고 했다. 물은 흐를 때 난류를 만들어 낸다. 난류 문제는 고전적인 유체에서 많이 연구했다. 점성, 즉 끈끈함이 그 원인으로 알려져 있다. 나비에-스토크스 방정식(Navier-Stokes equations)은 난류를 계산하기 위한 것이나 완전히 풀리지는 않았다. 초유체는 점성이 없다. 점성이 없는 유체에서는 어떤 난류가 생길 것인가, 난류가 없는 것인가 하는 게 문제 의식이다. 2차원 초유체 연구를 하다가 곁가지 연구로 했다.

그가 이미지 하나를 보여 줬다. 카르만 와류(Kármán vortex street)라는 이미지다. 바다의 섬 위를 지나가는 구름이 섬을 지난 뒤 어떤 소용돌이를 만들어 내는지를 보여 준다. "점성과 섬의 크기, 바람 세기로 카르만 와류를 설명할 수 있다. 나는 초유체에서도 이런 현상이 일어난다는 걸 보였다." 연구 결과는 2016년 《피지컬 리뷰 레터스》에 실렸다.

난류, 즉 소용돌이는 난제 중의 난제다. 비행기 공학에서도 비행기 뒤편의 난류에 따라 엔진 효율이 달라진다. 골프공에 울퉁불퉁한 딤플을 만드는 것도 공 뒤의 난류를 줄여 비거리를 늘리려는 시도다. 그러나 유체 역학을 수학으로 잘 설명하지 못한다. 시뮬레이션으로 확인할 뿐이다. 점성은 고전 유체 역학에서 나타난다. 연구해 보니 점성이 없는 초유체도 고전 유체처럼 행동한다. 이는 여기에 양자 역학과 고전 역학을 연결하는 뭔가가 있음을 시사한다. 두 물리학 사이에 또 다른 연결성이 보인다. 새로운 연구 방향의 실마리를 제시한 것으로 본다. 신용일 교수가 서울 대학교에서 일하며 기억에 가장 남는 연구다.

신용일 교수는 "그간 재밌는 연구를 했다. 하나에 집중하지 못했다. 연구 토픽을 다듬어야겠다."라고 했다. 또 "혼자 연구를 많이 했다. 외연성을 넓혀야겠다."라고도 했다. 그에 대해 "연구를 정말 잘한다."라고 이야기하는 사람들이 있었다. 그가 들려주는 연구 이야기만을 들어서는 얼마나 연구를 잘하는지는 가늠할 수 없었다. 신용일 교수가 바라보는 세계가 넓기 때문이 아닐까 하고 생각했다. 40대 중반이니 앞으로 멀리 날아가지 않을까 싶다.

3부

진짜로
물질이란
무엇인가?

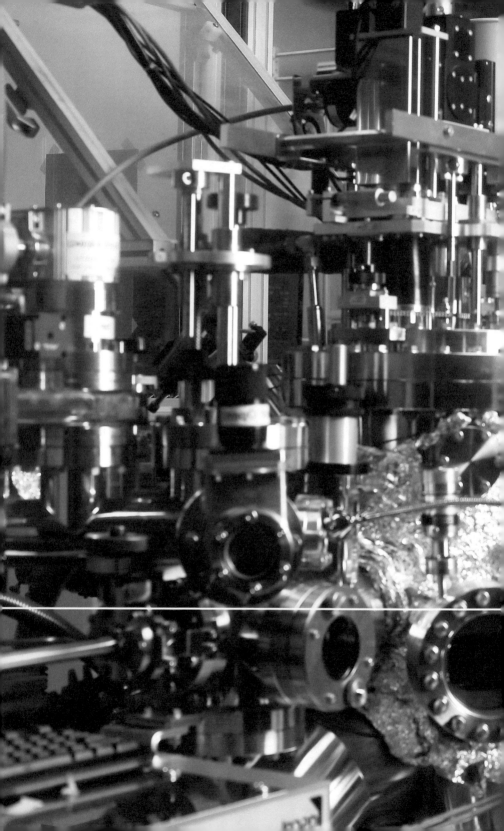

노태원

서울 대학교 물리 천문학부 교수

"교수를 가장 많이 배출한 교수." 노태원 서울 대학교 물리 천문학부 교수를 설명하는 문장이다. 서울 대학교로 찾아갔을 때 노태원 교수의 그런 풍모를 확인할 수 있었다. 먼저 사진을 촬영하려고 그의 실험실 중 하나인 박막 증착 실험실로 갔더니 대학원 박사 과정 학생 2명이 실험 중이었다. 노태원 교수는 "고은교, 김진권 박사 과정 친구들이다. 두 사람 다 잘한다."라고 소개했다. 그냥 '박사 과정 학생'이라고 하지 않고, 이름까지 밝히며 언급하는 그 모습에서 제자들을 배려하는 마음을 느꼈다.

실험실 안의 장비들이 무엇인지 궁금했다. 노태원 교수는 얇은 막, 즉 박막을 만드는 펄스 레이저 증착(pulsed laser deposition, PLD) 장비라고 했다. 물질에 레이저 펄스(파동)를 쏘면 플라스마가 형성되면서 한쪽으로 팽창한다. 팽창하는 쪽 반대편에 기판을 올려놓으면, 기판 위에 얇은 막이 생긴다. 이를 증착(蒸着)이라고 한다. 박막을 올리고 싶은 물질이 있을 때 이 장비를 사용한다. 원하는 두께로 박막을 만든다. 원자 1개 두께의 박막을 증착 방법으로 만들 수 있다. "이들이 만드는 박막은 금속 산화물이다. 이 친구들은 세계에서 가장 질이 좋은 박막을 만든다."라고 말했다. 김진권 씨는 초전도 물질, 고은교 씨는 자성체를 연구한다.

"이 학생들이 무엇을 궁금해하느냐?"라고 묻자 노태원 교수는 "질문을 가르쳐 주지 않는다. 스스로 찾으라고 한다."라며 웃었다. 고은교 씨에게 묻자 "박막을 쌓았는데, 박막 증착 조건에 따라 자성 특성이 바뀌는 것을 관측했다. 그 원인을 찾고 있다."라는 답이 돌아왔다.

박사 3년 차인 김진권 씨는 "새로운 초전도체를 연구하고 있다. 위상 초전도체라고 하며, 새로운 물성을 가졌다. 최근에야 초전도성이 나오기 시작해 연구의 첫걸음을 본격적으로 내딛기 시작했다. 이 신(新)물질은 장점이 있다. 위상 초전도성이라는 특성을 갖고 있어 양자 컴퓨터를 구현할 수 있는 플랫폼이 될 수 있다. 그 자체가 양자 컴퓨터가 될 수 있다. 박막으로 만들어 잘 패터닝(patterning)하고 소자를 만들면 양자 컴퓨터로 응용할 수 있다."라고 말했다.

노태원 교수는 서울 대학교 교수이면서 기초 과학 연구원(IBS) 강상관계 물질 연구 단장으로 일한다. (2022년에는 한국 물리 학회 회장으로 일하고 있기도 하다.) 연구단은 서울 대학교 18동과 19동 일부를 사용하고 있다. 강상관계 물질 연구단은 금속 산화물 또는 강상관계 물리학을 연구하는 곳이라고 했다. 노태원 교수가 연구단장 자리에 지원했을 때 내건 네 가지 목표가 있다. 그중 하나가 정보 교환의 허브 역할이다. "최소한 아시아에서 정보 교환의 중심이 되어 보이겠다. 8년이 지난 요즘은 외국에서도 IBS 연구단을 인지한다. 2주에 1번은 세미나를 한다. 일본과 중국의 젊은 과학자가 우리 연구단을 방문하는 걸 중요하다고 생각한다. 1년에 20명 정도 초청하는데 초청하면 잘 온다." 내가 그를 찾은 것은 2020년 1월이다.

노태원 교수는 도쿄 대학교의 정부 출연 연구 기관인 고체 물리 연구소(Institute for Solid State Physics, ISSP)와 2019년 4월 공동으로 연구 사무실을 열었다. 1957년에 설립된 ISSP는 일본 최고의 물성 연구소다. 소속 교수만 21명이고, 연 예산은 600억 원 이상이다. 노태원 교수는 "ISSP는 IBS 연구단보다 규모가 10배 크다. 독일 막스 플랑크 연구소에도 IBS의 우리 연구단같이 물성을 연구하는 곳이 10개는 된다. 그럼에도 IBS가 있기에 ISSP와 협력 연구를 할 수 있게 됐다."라고 말했다. 두 기관의 협력 프로그램 이름은 ISSP-SCES이다. SCES는 노태원 교수의 강상관계 물질 연구단을 가리키는 영어 표기다.

협력 프로그램에 따라 SCES는 ISSP의 첨단 장비를 장기 무료 임대한다. 레이저를 이용한 각분해 광전 분광기(angle-resolved photoemission spectroscopy, ARPES)라는 장비다. 또 도쿄 대학교의 세계적 학자인 신식 박사가 IBS 연구단을 위해 장비를 개발하기로 했다. 재일 교포인 신식 박사는 도쿄 대학교에서 2019년에 정년을 맞았고, 2020년 현재 석좌 교수다. 신식 박사의 급여 4분의 1을 노태원 교수 연구단이 부담한다. 노태원 교수는 "ISSP와의 협력은 과학 기술 분야에 있어서 의미 있는 일이다."라고 설명했다.

연구에 관해 물어봤다. 그가 "강상관계 물질 연구단"이라는 이름을 칠판에 썼다. 강상관계 물질은 영어로는 'strongly corelated electron system'이다. '강'이 'strongly'이고, '상관계'는 'corelated'에 해당하며, '물질'은 'electron system'을 옮긴 표현이다.

우리는 일상 생활에서 고체를 많이 만난다. 주변에 있는 딱딱한 고체를 설명할 수 있는 물리가 고체 물리학의 출발이다. 1930~1940년대 물리학자들은 고체가 내부분 결정 구조를 이루고 있어, 고체 내의 원자들은 주기성을 띤다는 것을 발견했다. 원자는 딱 정해진 위치에 들어가 있다. 고체의 경우 1세제곱센티미터의 공간 안에 원자가 아보가드로수만큼 있다. 그리고 원자 1개 안에는 원소에 따라 전자가 몇 개에서 100여 개까지 들어 있다. 그러니까 고체를 이해하려면 1세제곱센티미터의 공간 안에 10의 23제곱 개나 10의 25제곱 개씩 들어 있는 원자나 전자의 운동을 이해할 수 있어야 한다. 이 문제를 해결하기 위해서 1950년대 들어서 띠 이론(band theory)이 나왔다. 고체 내 수많은 전자 중에서 1개를 가지고 이 고체를 효과적으로, 즉 유효하게 계산할 수 있는 방법을 찾아낸 것이다. 고체 물리학은 띠 이론이 등장하면서 완성되었다는 게 당시 분위기였다. 그런데 띠 이론으로 설명이 불가능한 게 있었는데, 그것이 강상관계 물질이다.

강상관계 물질은 고체 내 원자의 전자가 주위 전자와 강하게 상호작용하는 물질이다. 이 상호 작용은 원자의 최외곽 전자가 어떤 상태에 있느냐에 따라 달라진다. 고온 초전도체 등이 그런 예이다. 많은 물질이 강상관계 안에 숨어 있다는 의미다. 현재 물리학자들은 이런

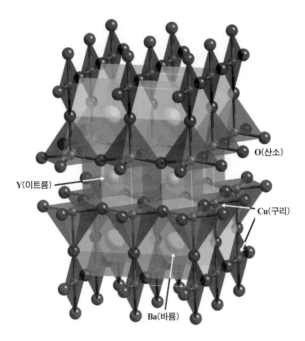

Y(이트륨)

O(산소)

Cu(구리)

Ba(바륨)

대표적인 강상관계 물질인 YBa$_2$Cu$_3$O$_7$(이트륨 바륨 구리 산화물)의 개념도. 초전도체 물질 중 하나이다. 위키피디아에서.

물질을 부분적으로는 설명한다. 하지만 아직 전체를 일관되게 설명하는 물리학적 틀은 못 만들었다. 이 강상관계를 설명할 새로운 물리학이 있느냐 하는 것이 노태원 교수의 문제 의식이다. 노태원 교수는 "그런 계를 설명하는 새로운 물리학적 틀을 만드는 게 우리 연구단의 목표다. 우리보다 10배 큰 외국 연구소들도 같은 주제를 연구하고 있다."라고 말했다.

강상관계 물질 연구는 1930~1940년대에 시작됐고 1960년대 이후 잠시 주춤했다. 그러다 1985년 고온 초전도체가 발견되면서 다시

11장 강상관계 설명할 새로운 물리학 플랫폼

연구 붐이 일었다. 대표적인 강상관계 물질은 $YBa_2Cu_3O_7$(이트륨 바륨 구리 산화물)이라는 고온 초전도 물질이다. Y는 이트륨(희토류)이고, Cu는 구리(전이 금속)이며, O_7는 산소다. 산화물이라는 의미다. 이 물질은 절대 온도로 70켈빈에서 초전도성을 띤다. 물질이 발견된 지 35년이 됐는데, 다 이해하지 못하고 있다. 장기 미제 사건이다.

노태원 교수는 "놀랍게도 우리 주변의 많은 물질이 금속 산화물이다. 금속 산화물의 상당히 많은 부분이 강상관계가 크다."라면서 "내 연구는 물질 기준으로는 전이 금속 산화물 혹은 세라믹(ceramic)을 연구한다고 할 수 있다. 물리학으로 표현하면 강상관계 물리학을 연구한다."라고 말했다.

노태원 교수는 시험을 봐서 들어간 경기 고등학교 마지막 세대다. 서울 대학교에 들어갔고 처음에는 기계과에 가려 했다. 그러다가 생각이 바뀌었다. "1학년 때 지도 교수님이 학부 때 물리학을 하면 대학원에서 공학을 해도 된다고 말씀해 주셨다. 우연히 물리학을 하게 됐고, 지금까지 재밌게 하고 있다."

박사 공부를 하러 1982년 미국 오하이오 주립 대학교 콜럼버스 캠퍼스로 갔다. 전기가 통하는 중합체 연구가 유행이라는 이야기를 듣고 그 분야의 대가를 찾아 비행기를 탔다. 그 교수가 3주 전에 다른 대학교로 옮겨 갔다는 사실을 도착한 뒤에야 알았다. 어쩔 줄 모르고 있던 중 학교 복도에서 경기 고등학교 4년 선배를 만났다. 나중에 포항 공과 대학교와 서강 대학교 교수로 일한 이성익이었다. 그 인연으로 이성익 선배의 지도 교수 밑으로 들어갔다. 지도 교수는 다른 분야 연구자였다. 다른 학교로 떠난 교수가 남긴 실험실 장비를 관리할 뿐이었다. 이성익 선배와 둘이서 뚝딱뚝딱 연구를 진행해 학위 과정을 빠르게 마쳤다. 사실상 유학 3년 6개월 만인 1986년 6월에 박사 학위를 받았다. 그리고 뉴욕 주 이타카에 있는 코넬 대학교에서 박사 후 연구원 자리를 찾았고 그곳에서 정식으로 배웠다.

박사 후 연구원 시절 지도 교수는 앨버트 시버스(Albert Sievers)다. 그곳에서 《피지컬 리뷰 레터스》에 논문을 냈다. 당시 시버스 교수가 "이제 무엇을 연구할 거냐?"라고 물어왔을 때 그는 "이 물질에서 이 현상을 봤으니, 다른 물질에도 적용해 보겠다. 물리학은 같으니 물질을 바꾸면 어떻겠느냐."라고 답했다. 시버스 교수가 "그런 건 다른 사람도 할 수 있다. 다른 것, 새로운 연구를 하라."라고 조언했다. 노태원 교수는 굉장히 강렬한 인상을 받았다.

"우리 학생들이 나랑 지내는 걸 힘들어하는데 졸업할 때쯤이면 더 힘들어한다. 내가 학생들에게 독창적인 영역을 만들어 내라고 요구하기 때문이다. 법정 스님 책을 읽고 있는데 이런 내용이 있더라. '부처를 만나면 부처를 죽여라.' 법정이 잘했던 게 암자에 가서 이상한 포즈를 취하고 가랑이 사이로 세상을 거꾸로 본 거다. 나도 학생들에게 사물을 뒤집어 보라는 요구를 많이 한다. 자신의 연구가 왜 중요한가, 물리학에 줄 수 있는 영향은 무엇인가, 독창적인 생각은 무엇인가 묻는다. 숨어 있는 새로운 물리학을 찾아내고, 문제가 무엇인지를 찾아내라고 한다. 피동적으로 공부하는 학생은 힘들어한다. 나의 접근 방식은 시버스 교수에게 배운 것이 크다."

2년 6개월의 박사 후 연구원 생활을 마치고 1989년 서울 대학교 교수가 되어 돌아왔다. 연구 환경은 녹록하지 않았다. 한국에 오니 미국에서 했던 연구를 포기해야 했다. 당시 학교에서는 정착비로 400만 원을 줬는데 그 돈으로는 실험 장비를 구축할 수 없었다. 궁리를 하다가 미국에서 다른 연구자가 하던 레이저 박막 증착 실험을 떠올렸다. 비싼 돈을 들이지 않아도 레이저만 빌리면 장치를 만들 수 있을 듯했다. 서울 청계천에 가서 물품을 사다가 레이저 박막 증착 장비를 만들었다. 내가 인터뷰를 시작하면서 사진을 찍기 위해 그의 실험실에 갔을 때 본 것이 레이저 박막 증착 장비다. 노태원 교수는 "실험실에서는 내부에서 꼼꼼하게 용접된 장비를 쓴다. 하지만 내가 서울 대학교 교수로 온 직후에 만든 장비는 내부 용접을 할 수 없었다. 가정에 들어오는 고압 가스관처럼 외부에서 용접을 했다."

이후 권숙일 서울 대학교 교수가 강유전체(ferroelectrics) 연구를 권했다. "당시에 강유전체는 벌크로만 연구하고 박막을 만들어서 하지는 않았다. 궁극적으로는 박막 연구가 중요할 것이라고 생각했다. 밑도 끝도 없이 증착 장비를 만들어 놓고 강유전체 박막 연구를 시작했다. 그게 히트를 쳤다." 1999년 《네이처》에 강유전체 메모리인 F 램 논문(「란타넘으로 치환된 비스무트 티탄산염을 비휘발성 메모리 용도로 사용하기(Lanthanum-substituted bismuth titanate for use in non-volatile memories)」)을 출판했다.

강유전체는 외부 전기장이 없는데도 양전하와 음전하로 나뉜다. 분극이 되는 것이다. 자석의 N극, S극과 비슷한데, 강유전체는 전기가 이런 특성을 만든다. 그리고 외부에서 전기장을 가하면 양과 음의 방향을 바꿀 수 있다. 양과 음이라는 다른 두 상태가 있으니 이를 이용하면 메모리 반도체를 만들 수 있다. 이게 강유전체 메모리, 즉 F램의 원리다.

F램은 메모리 반도체로 사용되는 D램과 S램을 대체할 수 있는 반도체로 한때 주목받았다. 노태원 교수는 "F램의 해결 못 한 이론 문제를 풀고, F램을 구현할 수 있는 BLT라는 신물질을 제안했다."라고 말했다. 하지만 F램 시장이 크지 못했고, D램이 시장을 압도하고 있다. 노태원 교수는 많이 아쉬운 듯했다.

1990년대 기초 과학에 대한 정부의 투자가 늘어나면서 그는 미국에서 공부한 고체 분광학 연구를 할 수 있게 되었다. 강유전체에서 금속 산화물 박막 연구로 돌아갔다. 7~8년간 중단했던 연구를 다시하게 되었을 때 그의 느낌은 묘했을 것 같다. 노 교수는 "그럼요."라며 "교수로 부임한 후 몇 년간 하고 싶은 연구를 못하고 고생하는 후배 교수들을 보면 안타깝다."라고 말했다.

노태원 교수에 따르면 미국의 좋은 대학은 신임 교수에게 연구를 시작할 수 있는 자금(starting fund)으로 50만~100만 달러를 지원한다. 중국 역시 지적 재산권 싸움을 미국과 벌이면서 혁신을 둘러싼 경쟁에서 지지 않기 위해 매년 1,000명 가까운 젊은 박사를 지원하고 있다. '천(千) 인재 프로그램(Thousand Talented Program)'이라는 이름으로 미국에서 공부하는 젊은 중국계 과학자에게 정착비로 100만 달러를 지원해 준다며 귀국을 권하고 있다. 매년 500명에서 1,000명이 정착비를 받고 중국으로 돌아왔으며, 지금까지 거의 1만 명이 혜택을 받왔다고 한다. "이들은 중국으로 돌아오자마자 논문을 생산한다. 중국 과학이 급부상하고 있다. 한국은 중국과 제도적으로 경쟁이 안 된다." 노태원 교수의 말이다.

노태원 교수는 강상관계 물질 연구와 관련해 한 가지만 말하겠다면서 2008년 학술지《피지컬 리뷰 레터스》에 실린 논문을 이야기했다. 지금은 한양 대학교에 있는 문순재 교수가 학생 시절 기존 물리학으로는 설명이 안 되는 새비있는 강상관계 물질을 보았다. 두 사람은 그 문제를 풀어 보려고 1년 6개월을 연구했다. 결국 '총(total) 각운동량'이라는 개념으로 풀 수 있다는 사실을 알아냈다. 문순재 교수가 이론을 공부하는 친구들과 이야기하다가 알아낸 것이다. 그동안 총 각운동량으로 고체 물리학을 기술하는 게 별로 없었다. 이 연구는 김범준 현 포항 공과 대학교 교수와 문순재 교수, 진호섭 울산 과학 기술원 교수가 주도하고 유재준 서울 대학교 교수 등 많은 사람이 협력했다. 결국 총 각운동량으로 고체 물리학을 해석하는 새로운 물리 형식을 만들어 냈다.

논문 인용 횟수는 1,000번 정도 된다. 이 분야의 중요한 논문이다. 순수하게 한국에서 연구해서 나온 것이라서 의미 있고, 외국에서도 널리 인정한다. 고체 물리학에서 상당히 중요한 일이었다. 다만 연구를 계속 키우지 못했다는 것이 그의 아쉬움이다. 논문이 나온 후 다카키 히데노리(高木英典) 독일 막스 플랑크 고체 물리 연구소 디렉터와 캐나다 토론토 대학교의 김용백 교수가 연구를 키웠다. 노태원 교수는 "우리도 이를 계속 연구하려 했지만 안 됐다. IBS 연구단이 앞으로 이런 걸 발견하면 완전히 우리 것으로 만들 것이다."라고 말했다.

노태원 교수는 현재는 강상관계와 위상 물질(topological matter) 물리학을 연구하고 있다. 강상관계 물질은 고체 물리학의 큰 분야이고, 위상 물질은 지난 10년 급성장하고 있다. 두 분야가 만나는 지점은 아직 연구되지 않았다. 지난 2년 동안 이 분야를 연구했는데 여기서 뭔가를 찾아내면 선도하게 될 것이라고 했다.

노태원 교수는 인터뷰 도중에 "나는 뒤집어 보기를 잘한다."라는 말을 여러 번 했다. 인터뷰하면서 메모를 한 내 수첩의 마지막 문장도 "뒤집어 보기 잘한다."이다. 나는 그걸 잘 못 하지만, 주변에서 뒤집어 보기를 잘하는 사람들을 만난 적이 있다. 그래서 그게 무슨 말인지 알 수 있었다. '교수 제자를 가장 많이 배출하는 교수'라는 수식어가 왜 붙었는지 짐작할 수 있었다.

12장 삼성전자의 1급 기밀, 유기 반도체의 제1전문가

박용섭

경희 대학교 물리학과 교수

크리스마스 이브에 박용섭 경희 대학교 물리학과 교수 연구실을 찾아갔다. 연구 분야는 반도체, 그중에서도 유기 반도체다. 크리스마스 전날 오후인데도 실험실에는 5명의 학생이 있었다. 실험실 한쪽에 놓인 대형 장치가 눈길을 끌었다. 같이 간 사진 기자가 장치 옆에서 사진을 찍으려 준비하는 동안 박용섭 교수에게 장비에 관해 잠깐 물었다. 초(超)고진공을 만드는 장치라고 했다.

그는 "대기압이 760토르다. 그런데 저 안 기압은 지금 1.33×10^{-9}토르이다. 대기압보다 0이 12개가 적은 압력이다. 초고진공이다."라며 디스플레이에 적힌 수치를 가리키며 말했다. "여기에 유기 반도체 시료를 넣고 엑스선을 쪼인다. 그러면 광전(光電) 효과로 전자가 튀어나온다. 전자를 분석해 그 물질의 성질을 알아내는 장치다."

박용섭 교수에 따르면 물질의 성질 대부분은 그 안에 있는 전자가 결정한다. 그는 "전자 구조를 알아내야 한다. 정확히 말해 전자 구조

12장 삼성전자의 1급 기밀, 유기 반도체의 제1전문가

가 아니라 전자의 상태에 대한 구조를 알아내고자 한다."라고 설명했다. 반도체 소자는 상당 부분 다른 물질들의 이종 접합으로 만든다. 실리콘으로 소자를 만들 때도 덩어리 물질을 그대로 쓰지 않고 물질 몇 개를 접합한다. 반도체 물리학에서는 접합의 성질을 알아내는 것이 중요하다. 그 일을 하는 데 유용한 장비다.

장비 이름은 광전자 분광기다. 광전자는 빛을 쪼였을 때 고체 표면에서 튀어나오는 전자를 가리킨다. 아인슈타인은 광전 효과 연구로 1921년 노벨 물리학상을 받았다. 분광은 에너지나 파장에 따라 빛을 나눠 보는 것인데, 이 장치의 경우 빛이 아니고 광전자를 본다. 이걸 사용하는 분야를 전자 분광학이라고 한다. 사진 기자가 촬영 준비가 되었다고 해서 잠시 진행되던 인터뷰를 멈췄다. 촬영이 끝난 뒤 실험실을 나와 같은 층에 있는 박용섭 교수 연구실로 자리를 옮겼다.

박용섭 교수는 인터뷰 요청에 응한 이유가 따로 있다. 그는 "물리학자에 대한 일반인의 시선이 편향되어 있기 때문이다. 사람들이 많이 아는 천체 물리학이나 입자 물리학은 대학 교원 수에서도 많아야 절반이고 그 이하인 곳이 많다. 한국 물리학회 회원의 70퍼센트는 반도체와 응집 물질 물리학자다."라고 설명했다. 박용섭 교수는 한국 물리학회 대중화 특별 위원장으로 2년간 일했다. 반도체와 응집 물질 물리학 연구자가 많은 이유가 있다. 우선 연구비를 비교적 어렵지 않게 따올 수 있기 때문이다. 대학은 연구비를 수주할 수 있는 분야의 연구자를 원한다. 연구의 유용성 문제도 있다. 그는 "물리학 연구가 반드시 유용성을 필요로 하는 건 아니나, 무용하다는 것만 할 수는 없지 않는가."라고 반문했다.

박용섭 교수는 그래핀이라는 탄소 화합물을 예로 들었다. 그래핀은 탄소 원자들이 육각형 그물처럼 배열된 2차원 평면의 한 층을 말한다. 연필심에 스카치테이프를 붙였다 떼어 내는 방법으로 발견됐다. 그래핀을 발견한 과학자는 2010년 노벨 물리학상을 받았다.

"그래핀 연구를 하는 이유는 그래핀 자체로 재미있기 때문이다. 게다가 연구가 잘 된다면 실용성도 기대할 수 있다. 예컨대 그래핀에 있는 전자는 질량이 없는 것처럼 행동한다. 광자는 질량이 없다. 그래핀 안의 전자는 빛과 달리 실체가 있다. 그런데 질량이 없는 듯이 행동한다. 신기한 시스템이다. 그렇기 때문에 과학자들이 그래핀을 연구하고 써먹을 데가 있는지를 찾고 있다. 그래핀은 튼튼하고 전기가 잘 통하는 등 여러 특징을 가졌다. 훈련된 물리학자라면 그걸 보는 순간 '이걸로 뭐가 되겠구나.' 하는 걸 알아차린다. 그래서 이론 물리학자, 실험 물리학자 할 것 없이 달려들고, 연구에 유행이 생긴다. 새로운 물리학을 해 보고 싶기 때문이다. 또 새로운 소자를 만들고 싶어 하는 것이 물리학자의 60~70퍼센트가 하는 일이다."

박용섭 교수는 입자 물리학이나 천체 물리학과는 달리 반도체나 응집 물질 관련 대중 교양서가 없다는 지적에 대해 웃으면서 이렇게 말했다. "책을 쓰는 사람은 모두 이론가다. 그들은 책상 앞에 앉아 있는 시간이 많다. 나 같은 실험가는 학생들과 실험실에 있지 책상 앞에 붙어 있을 시간이 없다. 책을 써야지 하는 생각만 할 뿐이다. 참, 예외적으로 책을 쓴 실험가가 있다. 고재현 한림 대학교 교수가 최근에 『빛 쫌 아는 10대』(2019년)라는 책을 냈다."

그는 고체 물리학에 대해 설명을 이어 간 뒤 디스플레이와 반도체에 대해 설명했고 이후 자신의 연구를 소개했다. 고체 물리학에 대한 그의 설명을 들어 보자. "원자가 뭉쳐서 분자, 고체를 만든다. 자연에 원소는 92개가 있다. 92개 원소로 어떻게 이렇게 다양한 물질을 만들까? 물리학자는 그것이 궁금했다. 원자가 2~3개 붙으면 분자가 된다. 원자가 무한히 많이 붙으면 결정이다. 물리학자는 이 고체의 성질을 알고 싶다. 전기가 통하는지, 찌그러뜨림에는 얼마나 견디는지 하는 특징은 모두 전자가 결정한다. 물질 연구자는 우선 내부 구조부터 밝혀내고자 했다. 어떤 원자가 어떻게 배열되어 있는지가 궁금했다."

1915년에 노벨 물리학상을 받은 윌리엄 헨리 브래그(William Henry Bragg) 부자가 사용한 엑스선 회절이 대표적인 연구법이다. 그들은 엑스선을 고체 표면에 쪼여 물질 배열 구조를 알아냈다. 1953년 제임스 왓슨과 프랜시스 크릭이 DNA 이중 나선 구조를 발견했을 때 아들 윌리엄 로런스 브래그(William Lawrence Bragg)는 케임브리지 대학교 캐번디시 연구소 소장이었다. 왓슨이 쓴 책 『이중 나선(The Double Helix)』(최돈찬 옮김, 2019년)에 브래그 소장이 등장한다. 왓슨과 크릭은 DNA에 엑스선을 쪼인 엑스선 회절 사진을 손에 쥐었기에 DNA가 이중 나선 구조로 되어 있다는 것을 알아낼 수 있었다.

박용섭 교수는 "자, 그러면 고체의 내부 구조는 알아냈다. 그런데 원자는 왜 붙어 있을까?"라고 질문을 던진 후 설명을 이어 갔다. "궁금한 것은 원자가 결합한 이유다. 탄소로만 이루졌다는 면에서 흑연과 다이아몬드는 같다. 그런데 구조가 왜 다를까? 원자와 원자 간에는 어떤 힘이 작용하며, 전자는 왜 그 안에서 돌아다니며 전기를 통하게 하는지 알아내야 했다. 이것이 고체 물리학의 시작이다."

현대 물리학은 상대성 이론과 양자 역학이라는 두 축으로 이뤄져 있다. 상대성 이론은 속도가 아주 빠르거나 중력이 매우 센 곳에서 작동한다. 양자 역학은 크기가 작은 세계에서의 운동을 기술한다. 상대성 이론의 세계는 일상에서 거의 볼 수 없다. 지구에서는 광속에 가까운 운동을 할 일이 없고, 중력이 그리 세지 않기 때문이다. 하지만 양자 역학은 우리 몸을 구성하는 원리이고, 디스플레이, 반도체를 떠받치는 원리다. 그는 반도체 산업이 양자 역학에서 나왔다고 단언했다. 즉 특정 물질이 어떤 성질을 갖는지는 양자 역학적 원리를 알아야 알 수 있다. 물질은 양자 역학 위에 서 있다. 고체 물리학은 양자 역학 위에 구축되었다.

박용섭 교수에 따르면 전도성, 온도, 초전도 현상, 자성은 모두 양자 역학적 현상이다. 그러다 보니 반도체를 알게 됐고, 반도체로 유용한 소자를 만들게 됐다. 엄청난 산업이 생겼다. 또 규소(Si) 반도체와 유사한 성질을 가진 동시에 일을 더 잘할 수 있는 물질을 계속해서 찾고 있다. 새로운 원리에 기반한 새로운 반도체 소자가 있는지를 살피고 있다.

박용섭 교수 이야기가 고체 물리학을 지나 반도체로 넘어갔다. 반도체는 그의 분야다. 반도체를 많이 사용하는 곳은 컴퓨터 메모리 소자와 CPU 연산 소자다. 특히 메모리 소자는 규소를 이용하지 않은 여러 가지 다른 방식으로도 만들 수 있다. 거의 산업화 단계까지 간 연구도 있고, 메모리 소자를 더 잘 만들 수 있다고 생각해 기초 연구를 진행하는 곳도 있다. 현재 메모리보다 용량도 크고 속도도 빠를 것이라고 생각하면서 연구를 진행하고 있다고 한다.

소자가 무엇이기에 물리학자들이 소자 소자 하는 것일까? 박용섭 교수 설명을 계속 옮겨 본다. "소자는 전기를 껐다 켰다 할 수 있는 스위치다. 전류 흐름을 통제할 수 있는 장치다. 진공관이 소자다. 1906년 미국의 리 디 포리스트(Lee de Forest)가 에디슨의 백열 전구를 개량해 극을 3개 넣어서 만든 것이 삼극 진공관이다. 모든 소자의 기본은 전류 제어다. 1940년대까지는 진공관으로 전자 소자를 만들었다. 텔레비전, 라디오 모두 진공관으로 만들었다. 그러다 삼극 진공관을 대신할 전자 소자인 트랜지스터가 나왔다. 벨 연구소가 1940년대 저마늄(Ge)과 규소로 만든 트랜지스터를 내놓았다. 그리고 일본 기업 소니(Sony)가 트랜지스터 라디오를 만들면서 반도체 산업이 생겼다."

크리스마스 이브인데, 오후 너무 늦은 시간까지 그를 붙잡아 둘 수 없었다. 교수가 퇴근해야 실험실에 있던 학생들도 성탄절 전야를 즐기러 나갈 수 있을 것 같았다. 마지막으로 그의 연구를 설명해 달라고 주문했다. 박용섭 교수는 "나는 표면 과학의 도구를 사용해 유기 반도체를 연구한다."라고 설명했다. 반도체 물질 중에서도 규소와 같은 무기물이 아니라 탄소를 기반으로 한 유기물을 연구한다는 것이다. 나의 다음 질문은 당연히 "유기 반도체와 무기 반도체의 차이가 무엇이냐?"였다. 사람들은 규소보다 좋은 성능을 가진 새로운 반도체를 찾았다. 당연히 있다. 그 과정에서 발견된 것이 유기 반도체다. 그러나 새로운 물질은 산업에서 사용되지 않았다. 박용섭 교수는 "반도체 만드는 기업들이 원하지 않기 때문이다."라고 말했다.

반도체 기업 입장에서는 공정 하나를 바꾸는 것도 꺼린다. 공정을 바꿨다가 안 되면 어떻게 할 것인가 하는 우려 때문이다. 규소를 버리고 다른 물질을 쓰자는 제안은 더욱더 그렇다. 규소 반도체는 주기적으로 기술적인 한계에 부딪혔다. 하지만 수많은 엔지니어가 피땀을 쏟아 한계를 극복했다. 안 된다고 하는 것을 모두 뚫었다. 새로운 반도체가 들어설 틈이 없었다.

그런데 규소가 친 두꺼운 벽을 뚫고 유기물이 반도체 산업에 들어왔다. 빛 때문이었다. 규소는 빛을 낼 수가 없으나, 일부 유기물은 빛을 낸다. 유기 반도체 일부에 전기를 통하면 빛이 나온다. 발광 다이오드를 제작하면 유기 발광 다이오드(OLED)를 만들 수 있다. 박용섭 교수는 내 스마트폰을 가리키며 "삼성 핸드폰 갤럭시 화면 디스플레이가 유기 반도체로 만든 OLED이다."라고 말했다. 스마트폰 디스플레이가 반도체라는 이야기는 처음 들었다. 깜짝 놀랐다.

OLED의 O는 organic의 첫자이고 유기물임을 뜻한다. 그리고 LED는 빛을 내놓는 다이오드라는 뜻의 light emitting diode의 줄임말이다. 업계는 OLED를 유기 발광 다이오드라고 표현한다. OLED라는 용어 속 다른 말들의 뜻은 알겠는데, 다이오드는 잘 모르겠다. 박용섭 교수는 "다이오드는 전기가 한쪽 방향으로만 흐르는 가장 간단한 반도체 소자다."라고 설명했다. 이어서 그는 "유기물로 만들 수 있는 반도체가 무기물로 만들 수 있는 것보다 종류가 100만 배는 많다." 라고 했다. 생명체가 합성하는 탄소 화합물이 있으면 유기물, 없다면 무기물이다. 무기물은 결정 구조를 이루며, 원소 1개, 2개, 3개의 결합으로 만들어진다. 원소들의 조합 숫자가 적기에 가능한 반도체 종류가 많아야 수백 개다. 반면 유기물은 작은 것, 큰 것, 고분자 등 물질의 다양성이 아주 크다.

"유기 반도체의 특성이 빛을 많이 내는 것 말고는 딱히 규소와 같은 무기 반도체보다 낫지 않다. 그런데 유기 반도체로 뭔가 만들고자 할 때는 이야기가 다르다." 박용섭 교수는 내 스마트폰을 다시 가리켰다. "이 디스플레이는 붉은색, 노란색, 푸른색(RGB) 3개의 픽셀들로 가득 차 있다. 픽셀 하나하나의 크기는 수십에서 수백 마이크로미터다. 아주 작다. 무기물로는 불가능하다고 말하기는 그렇고, 그렇게 작게 만들어 배열하기가 매우 어렵다. 유기물로는 만들기가 비교적 쉽다. 유기물에 전류를 흘렸는데 빛이 나오는 걸 발견한 순간, 물리학자들은 바로 디스플레이가 되겠다고 생각했다."

스마트폰 디스플레이에 있는 유기 반도체는 무엇일까? 박용섭 교수에게 갤럭시 스마트폰의 디스플레이에 들어간 유기 반도체를 물었더니 모른다고 한다. 기업의 1급 비밀이란다. 박용섭 교수는 "갤럭시는 나올 때마다 새로운 유기 반도체를 사용한다."라고 말했다. 전기 효율과 픽셀 수명을 향상시키기 위해서다. 기업들은 전기를 덜 사용하면서 원하는 정도의 빛을 내는 물질을 끊임없이 찾고 있다. 또 특히 디스플레이의 청색 물질은 일부 소자가 타서 망가지는 현상인 번인(burn-in)으로 인해 수명이 짧다. 수명이 긴 물질을 찾아야 한다.

박용섭 교수는 자신이 표면 과학의 도구를 사용해 유기 반도체를 연구한다고 했다. 표면 과학은 무엇이고, 표면 과학의 도구는 무엇이 있을까? "유기 물질은 어떤 때는 20층을 쌓는다. 그러면 물질의 성질보다도 물질과 물질 사이의 접촉면이 어떻게 되어 있느냐가 중요하다. 물질과 물질 간의 인터페이스 특성을 잘 알아야 한다. 예를 들어 전자가 층과 층 사이, 계면 사이를 잘 흘러가느냐, 못 흘러가느냐를 본다. 표면 위에 물질을 한 층씩 쌓아 가면서 계면의 특성을 연구한다." 우리는 표면을 잘 알고 있다고 생각했으나 그렇지 않았다. 표면을 보는 방법으로 광전 효과를 사용한다. 취재를 시작할 때 학생들이 있던 실험실에서 본 광전자 분광기가 바로 그 도구다.

박용섭 교수는 서울 대학교 물리 교육과를 졸업했다. 물리학과 대학원에서 석사를 하고, 미국 노스웨스턴 대학교에서 박사 학위를 받았다. 박사 공부를 하면서 아르곤 국립 연구소에서 자성 박막 실험을 했다. 그리고 박사 후 연구원으로 뉴욕 주 로체스터 대학교에서 유기 반도체를 연구했다. OLED가 막 나오던 때였다. 로체스터에는 카메라 필름 생산 업체 코닥과 복사기 업체 제록스가 있었다. 로체스터 대학교에 몸담고 제록스와 코닥 연구자들과 함께 연구했다. 로체스터 대학교 용리 가오(Yongli Gao) 교수와 코닥의 칭 탱(Ching Thang) 박사와 연구했다. 박용섭 교수는 "칭 탱은 노벨상 후보로도 이름이 오르내린다. Alq_3이라는 작은 분자에서 나오는 빛을 발견했다. 그와 논문 5~6편을 같이 썼다. 칭 탱은 지금 홍콩 과학 기술 대학교에 있다."라고 말했다.

박용섭 교수는 1997년 귀국해 한국 표준 과학 연구원에서 9년 6개월을 일한 후 2006년 경희 대학교로 옮겨 왔다. 박용섭 교수는 요즘은 역(逆)광전자 분광 장치(inverse photoemission spectroscopy)라는 실험 도구를 만들고 있다. 그는 웃으며 "전자와 논다."라고 말했다. 취재는 3시간여 진행됐다. 성탄절 전날에 찾아온 방문객이 빨리 돌아가기를 기다릴 실험실 학생들을 생각하니 마음이 무거웠다. 글을 쓰다가 궁금한 게 있으면 나중에 전화로 물어보겠다는 말을 하고 연구실을 나왔다. 그러고 보니, 궁금한 게 하나 떠올랐다. 광전자 분광기는 왜 초고진공이어야 했을까?

**13장　세계 최고 장비가 있어야
한국 물리학이 발전한다**

염한웅
포항 공과 대학교 물리학과 교수

"염한웅 교수는 '월드 클래스' 연구자다." 염한웅 교수를 만나러 가기 전에 만난 물리학자가 이렇게 말했다. 세계적인 물리학자라는 뜻이다. 염한웅은 포항 공과 대학교 교수 겸 IBS 단장이고, 한국을 대표하는 응집 물질 물리학자 중 한 사람이다. 그는 새로운 물질 물리학 연구 분야를 개척하고 있다. 솔리톤(soliton)이라는 준입자(準粒子, quasiparticle)를 발견하고 그 연구 분야를 솔리토닉스(solitonics)라고 명명한 명실상부한 퍼스트 무버(first mover)다. 염한웅 교수는 한국 과학계의 리더이기도 하다. 2022년 4월 현재 국가 과학 기술 자문 회의라는 국가 기관의 부의장으로 일한다. 의장은 대통령이니 염한웅 교수를 현재 한국 과학 기술계의 대표자라 할 법하다.

그를 만나러 포항 공과 대학교를 찾은 것은 2019년 크리스마스 다음 날이었다. 그는 방사광 가속기를 먼저 보여 주겠다고 했다. 포항에 방사광 가속기가 2대 있는 줄은 알았지만 교정 안에 있는 줄은 몰랐다. 2시간 동안 방사광 가속기를 둘러보며 이야기를 들으니, 염한웅 교수가 왜 장비를 중요하게 생각하는지 알 수 있었다. 그는 장비를 다루는 실험 과학자다. 세계 최고 수준이 아닌, 세계 최고의 장비를 갖고 있어야 경쟁에서 앞설 수 있다는 신념을 갖고 있다. 포항 방사광 가속기에서는 엑스선이 나오는데, 그것을 이용한 광전자 분광기와 주사 터널링 현미경이 그가 만들고 있는 세계 최고의 장비들이다.

먼저 4세대 방사광 가속기 시설로 갔다. 2016년 가동에 들어간 곳이며 선형 가속기다. "방사광 가속기는 대형 엑스선 발생 장치라고 생각하면 된다. 병원의 엑스선 장비보다 100만 배 정도 높은 에너지와 세기를 가진 엑스선이 나온다. 엑스선을 물체에 투과시키면 우리가 눈으로 보지 못하는 것을 볼 수 있다. 엑스선으로 여기에서 각종 실험을 한다. 고체, 반도체, 단백질에 엑스선을 투과해 물질 내부 구조를 본다. 응집 물질 물리학자는 물체의 성질을 알기 위해 이 시설을 사용한다. 예를 들어 상온에서 작동하는 초전도 물질을 만들겠다고 가정해 보자. 새로 합성한 물질의 내부 구조를 봐야 한다. 이때 엑스선으로 찍어야 한다."

염한웅 교수는 연세 대학교 교수로 10년 일하고 2010년 포항 공과 대학교로 왔다. 포항 공과 대학교를 선택한 것은 방사광 가속기가 있기 때문이었다. 당시 서울 대학교에서도 특별 채용 제의를 해 왔지만 그는 가지 않았다. 포항 공과 대학교의 연구 환경이 훨씬 좋았다.

4세대 방사광 가속기는 바로 옆에 있는 3세대 방사광 가속기보다 강력하다. 4세대 방사광 가속기 수준의 장비는 미국 스탠퍼드 대학교, 일본 이화학 연구소(RIKEN)가 갖고 있을 뿐이다. 유럽의 가속기 시설은 최근에 문을 열었다. "스탠퍼드나 일본보다 우리 것이 성능이 좋다. 그쪽 연구자도 우리 쪽 장치를 이용하려고 신청한다. 특히 스탠 퍼드가 위기 의식을 느끼고 장치를 업그레이드하고 있다. 이 정도 설 비를 가지고 있으면 전 세계에서 연구자들이 몰려든다."

염한웅 교수가 방사광 가속기 시설이 설립된 역사를 잠시 설명했 다. 포스코의 박태준 초대 회장이 1970년대 후반 혹은 1980년대 초 반에 일본의 대표 제철 기업 신일본 제철(신일철)을 찾았다. 신일철 연 구소에는 박사급 연구원 수백 명이 있었다. 당시 포스코에는 박사가 단 3명이었다. 이 격차를 단숨에 해결하기 위해 세운 것이 포항 공과 대학교다. 박태준 회장은 포항 공과 대학교 초대 총장인 김호길 박사 와 대학을 만들기 시작했다. 박태준 회장은 "당신이 원하는 만큼 돈 을 주겠다. 단기간에 연구 중심 대학을 만들고, 수백 명의 인재를 모 아 오라."라고 주문했다. 김호길 총장은 "대학만 만들어서는 단기간 에 세계적으로 눈에 띄게 할 수 없다. 세계적인 연구 시설을 같이 짓 자."라는 전략을 내놓았다.

염한웅 교수는 "세계 톱 시설을 지으면 인재를 유치하는 데 좋을 뿐더러, 연구 시설을 갖췄기에 대학이 세계적인 위상을 확보하게 된 다. 세계적인 설비가 있다고 하면, 그것 때문에 오는 사람도 있다."라 고 말했다. 1980년대 후반은 세계적으로 3세대 방사광 가속기가 없 었던 때였고 미국과 일본, 유럽이 시설을 만들려고 했다.

박태준 회장은 포스코가 1000억 원을 투자하고, 정부에도 같은 금액의 투자를 요청했다. 모두 2000억 원으로 첫 번째 방사광 가속기를 지었다. 염한웅 교수는 "3세대와 4세대 방사광 가속기 2대 해서 지금은 1조 원대 규모의 사이언스 콤플렉스가 되었다. 굉장한 투자다. 지금 한국 에너지 공과 대학교를 짓는데, 이런 식의 전략적인 마인드가 있느냐? 없다. 한국 에너지 공과 대학교 만들어서 어떻게 세계적인 대학으로 키우겠다는 것인지 모르겠다. 전략이 필요하다."라고 말했다.

4세대 방사광 가속기를 나와 차를 타고 3세대 방사광 가속기로 이동했다. 그가 차창 밖을 가리키며 "여기에 IBS 캠퍼스가 올라간다. 2023년에 공사가 끝난다. 지난 7년 동안 건물 없이 열악하게 연구하며 기다렸다."라고 말했다. 염한웅 교수가 이끄는 IBS 연구단은 '원자제어 저차원 전자계 연구단'이다. IBS에는 2022년 4월 현재 32개 연구단이 있다. 연구단은 대전 IBS 건물 내부에도 있고, 외부에도 있다. 외부란 포항 공과 대학교와 같은 대학 캠퍼스다. 이런 연구단을 '캠퍼스 연구단'이라고 한다. IBS는 기초 과학 육성으로 인류에 봉사하기 위해 2011년 설립했다. 존재감이 아직 한국인 사이에 각인되어 있지 않으나, 대단히 야심 찬 순수 기초 과학 연구 기관이다. IBS는 분야별로 연구 조직을 만들고, '연구단'이라는 이름을 붙여 운영하고 있다.

3세대 방사광 가속기 건물에 도착해 안으로 들어갔다. 포항 가속기 연구소 고인수 소장을 마침 만났고, 고 소장이 내부 시설을 안내했다. (고인수 소장은 2021년 10월 충북 오창의 다목적 방사광 가속기 구축을 책임지는 구축사업단 단장으로 자리를 옮겼다.) 3세대 방사광 가속기는 원형 가속기다. 전

최준석의 과학 열전 2 물리 열전 하

자가 원형 가속기 내부를 계속 돌면서 엑스선을 내놓는다. 가속기에는 35개의 빔 라인(beam line)이 붙어 있다. 가속기에서 뽑아낸 엑스선은 빔 라인을 따라 빔 라인 끝에 있는 실험 장치가 있는 곳까지 나온다. 고인수 소장은 "3세대 방사광 가속기는 1991년에 건설을 시작해 1994년에 준공했고, 1995년 9월부터 이용자에게 공개했다. 그때는 빔 라인이 2개였다. 나머지 공간은 다 비어 있었다. 언제 빈 공간을 채우나 했는데, 지금은 다 채우고도 모자란다."라고 말했다.

염한웅 교수의 실험 시설은 빔 라인 4번 끝에 있었다. "여기가 우리 스테이션이다. 이게 전자 분광 장치다. 물리학자가 고체를 이해하는 방식은 결정이 어떤 구조를 갖고 있는지, 원자들이 그 안에 공간적으로 어떻게 배열되어 있는지를 알아내는 것이다. 그런데 결정 구조만 갖고는 물질의 성질을 알 수 없다. 자성, 전도성, 초전도성과 같은 물성은 원자 배열이 정하는 게 아니고 원자에 들어 있는 전자가 결정한다. 따라서 전자의 성질을 알아야 한다. 전자 성질을 알아내기 위해 에너지가 충분한 빛을 물질에 쪼인다. 그러면 아인슈타인의 광전 효과에 따라 물질이 전자를 내놓게 된다. 그 전자를 포획해 운동량과 에너지를 잰다. 운동량과 에너지가 가장 중요한 물리량이다. 그걸 알면 그 입자의 성질을 거의 안다고 볼 수 있다."

전자의 운동량과 에너지를 측정하는 장치는 반구 모양이었다. 전체적으로 높이가 2미터쯤 된다. 스테인리스 스틸 소재와 같이 반짝이는 관과 관이 이리저리 수도관처럼 아래위로 연결되어 있었다. 국내에 광전자의 운동량과 에너지를 측정하는 장치가 3~4대 있을 것

13장 세계 최고 장비가 있어야 한국 물리학이 발전한다

포항 방사광 가속기 연구소 전경. 직선 모양 건물에 4세대 가속기가, 원형 건물에 3세대 가속기가 있다. 포항 가속기 연구소 제공.

이라고 했다.

　장비는 복잡해서 엔지니어가 없이는 만들 수 없을 듯했다. 그에게 어떻게 이런 장비를 구축할 수 있었냐고 물었다. 염한웅 교수는 물리학자에게 장비가 어떤 의미를 갖는지 설명했다.

　"이 측정 장비는 파는 것이 아니다. 상당한 시간을 들여 물리학자가 직접 만든 것이다. 선진국의 물리학 그룹이라면 자기들이 만든 장비가 있다. 미국, 독일, 일본의 연구 그룹에 가면 장비를 스스로 개발하고, 또 다음 실험을 위해 더 높은 수준의 장비를 만드는 걸 볼 수 있다. 한국 연구자는 장비를 만들어 본 적이 없다. 한국 학생이 유학을 가면 장비 만드는 건 가르쳐 주지 않고 실험하는 것만 가르쳐 준다. 또한 장비는 혼자 만들 수 없다. 여러 사람이 협동해서 만든다. 그런데 혼자 한국에 돌아오면 장비 제작법을 배웠다 해도 만들 수가 없다. 한국에는 장비가 없어 유학 시절과 똑같은 실험을 할 수 없다. 이 경우 상용 장비를 사서 실험을 한다. 그러면 낮은 수준의 실험을 한다. 이렇게 해서는 한국의 물리학이 발전할 수 없다."

염한웅 교수는 광전자 분광 장비 구축에만 20억 원을 들였다. 한 실험 물리학자가 갖춘 장비는 그의 연구 수준을 반영한다. 장비를 보면 그의 연구가 어느 정도인지를 전문가들은 바로 알아볼 수 있을까? 당연하다. 외국의 유명 그룹과 경쟁을 할 때 이 사람들이 무슨 장비를 만들어 갖고 있는지를 보면 실험 수준을 알 수 있다. 국내에도 이 분야 연구자가 20명은 있다. 장비는 2~3대다. 그렇다면 나머지 17명의 연구자는 어떻게 할까? 외국에 가서 실험한다. 국내에서 사용 시간을 얻지 못하면 미국과 일본에 간다.

전자는 운동량과 에너지 외에도 특이하게 스핀이라는 물리량을 가지고 있다. 스핀은 자성과 관련된 물성을 결정한다. 그래서 전자를 측정할 때 운동량, 에너지, 스핀을 측정해야 한다. 스핀은 측정 난도가 더 높다. 지금까지 한국에서는 스핀을 측정할 수 있는 장비가 없었다. 염한웅 교수 팀이 스핀 측정기를 새로 개발했다. 그러면 전자가 가진 모든 물리량을 측정하게 된다. 스핀 측정기는 전자 분광기 아랫부분에 연결되어 있었다.

스핀 측정까지 하면 모두 30억 원의 장비다. 또 이곳까지 엑스선을 끌어 오려면 빔 라인을 구축해야 했다. 빔 라인 구축에 70억 원이 들었다. 그러니 빔 라인과 전자 분광, 스핀 측정기까지 100억 원대 시설이다. 빔 라인은 3세대 방사광 가속기에 모두 35개가 붙어 있다. 빔 라인에는 많은 실험 장비가 붙어 있다. 염한웅 교수는 "국제적으로 경쟁력 있는 실험 장비는 이중 2~3개밖에 없다고 생각한다."라고 말했다.

세계 최고의 스핀 측정기를 구축하면 장비를 사용하려는 물질 연구자들이 세계에서 몰려올 것이다. 100여 개 그룹이 스핀 측정기 사용을 원한다. 장비를 보유하면 이점이 있다. 장비를 빌려줄 때 '잘 쓰세요.' 하고 실험을 지켜보는 것이 아니다.

"장비를 사용하고자 하는 이들은 자신들이 가진 시료와 연구 아이디어를 가지고 찾아온다. 우리가 장비를 갖춰 놓고 있으면 공개되지 않은 남들의 최신 연구 정보를 접할 수 있게 된다. 또 그들이 내는 논문에 우리가 공동 저자로 이름이 나가게 된다. 이것이 설비의 장점이다."

실험 장비를 외부 연구자에 제공하는 것은 공동 연구의 한 형태다. 상용 장비라면 이용료를 받고 설비를 제공하면 되고, 그러면 과학적인 크레디트(credit)를 교환하지 않는다. 하지만 염한웅 교수 그룹이 가진 장비는 이들이 독자적으로 개발했다. 외부 연구자가 시료를 가져오면 염한웅 교수 그룹 인력이 측정을 해야 한다. 그러니 공동 연구가된다.

광전자 분광기와, 그에 연결된 스핀 측정기는 전문 엔지니어가 아니면 구축하기 불가능해 보였다. 물리학자가 직접 이런 것을 만들 수 있을까 궁금했다. 미국의 좋은 연구소에는 테크니션이라 불리는 전기, 공작, 기계 등 분야에 우수한 기술 요원이 있다. 반면 한국의 대학교와 연구소에는 엔지니어링 요원이 거의 없다. 염한웅 교수는 IBS 단장으로 2013년부터 일하기 시작하면서 큰 자금을 지원받았다. 그는 그간 한국이 하지 못했던 수준의 연구를 해야겠다고 생각했다. 세계 최고 수준의 연구를 하지 못했던 병목 중 하나가 장비다.

염한웅 교수는 "이런 물리학 분야에서 엔지니어링을 시도해 장비를 만든 실험 그룹은 국내에서 거의 없다. '이걸 제대로 해 보자. 한 단계 업그레이드해서 가자.'라고 생각했다."라고 말했다. 장비에만 전념하는 엔지니어링에 강한 물리학자 3명을 고용했다. 모두 물리학 박사이고 박사 후 연구원으로 일했고, 어디 가면 교수를 할 사람들이며, 그런 분들을 설득해 장비를 구축하고 있다고 그는 말했다.

3세대 방사광 가속기 시설에서 나왔다. 염한웅 교수를 따라가니 작은 건물에 엔지니어링에 강한 물리학자, 함웅돈 박사가 있었다. 그는 세계 최고에 도전하고 있었다. 세계 최고 성능의 주사 터널링 현미경 완성을 앞두고 있다고 했다. 최고 수준이 아닌 최고의 현미경이다.

"물질 구조를 들여다보기 위해서는 엑스선 회절 무늬 말고 현미경으로 봐야 하는 것이 있다. 그렇기 때문에 주사 터널링 현미경이 중요하다. 좋은 현미경은 가격이 100억 원이다. 보통 국내 실험실에 있는 건 10억에서 20억 원대다. 현재 한국에서 가장 좋은 수준의 현미경은 2대 있는데, 40억에서 50억 원 정도다. 현미경도 물리학자가 만든다."

주사 터널링 현미경에 관한 설명이 흥미로웠다. 전자 현미경에 관해 들었지만 작동 원리 같은 것은 몰랐다. 투과 전자 현미경이나 주사 터널링 현미경은 원자 하나를 볼 수 있다. 투과 전자 현미경은 얇게 박편으로 만든 시료에 전자 빔을 투과시킨다. 투과한 부분을 밑에서 사진을 찍으면 원자가 있는 곳과 없는 곳의 명암이 다르게 나온다. 이런 방식으로 원자를 들여다본다.

1981년 스위스 취리히 IBM 연구소 연구자들이 투과 방식과는 다른 현미경을 만들었다. 취리히 IBM 연구소는 응집 물질 물리학의 성지 중 하나다. 금속 탐침을 뾰족하게 갈아서 시료에 아주 가까이 가져간 뒤 전압을 거는 방식이었다. 탐침과 시료가 닿지 않고 떨어져 있어도 전류가 흐르는데 이를 양자 터널링 전류라고 한다. 터널링 전류는 시료와 탐침 사이의 거리에 민감하다. 원자가 있는 곳에서는 터널링 전류가 많이 검출되고 원자가 없는 곳, 다시 말해 원자와 원자 사이의 움푹 들어간 곳에서는 터널링 전류가 적게 검출된다. 원자가 있는 곳과 없는 곳의 미세한 전류량 차이가 있다. 시료 표면을 이동해 가면서 읽으면 특정 지점에 원자가 있는지 없는지를 알아낼 수 있다. 관찰 속도가 느리기는 하다. 주사 터널링 현미경이라는 용어가 장비 특성을 보여 준다. 주사(走査)는 영어 스캔(scan)을 번역한 말이고 터널링은 양자 터널링(quantum tunneling) 효과를 이용하는 장비라는 것을 뜻한다.

염한웅 교수는 "많은 물리, 화학, 재료 과학 연구자가 주사 터널링 현미경을 쓴다. 우리 연구실도 외국에서 사 온 상용 장비를 5~6대

쓰고 있다."라고 말했다. "아까 이야기한 것처럼 이런 장비들의 성능을 최대한 높인 건 미국 물리학 실험실에 공이 있다. 이런 건 돈을 주고도 살 수 없다. 상용화된 제품은 그보다 하위 제품이다. 그런 제품으로 연구를 하면 경쟁력이 없다. 그래서 7년 전부터 시간과 돈을 투자해 세계 최고의 현미경을 만들어 보자고 덤벼들었다. IBS가 세계적 연구소가 되려면 내세울 게 있어야 하지 않나. 주사 터널링 현미경과 스핀 광전자 분광 장비를 세계 최고의 장비로 만들어 볼 생각이다."

현미경 제작은 함웅돈 박사가 7년째 매달리고 있다. 그는 미국에서 전자 현미경을 연구했다. 함웅돈 박사는 "세계 최고의 주사 터널

함웅돈 박사가 개발 중인 세계 최고의 주사 터널링 전자 현미경이다. 그는 이 현미경의 제작 책임자이다.

링 현미경이 2~3개월 후면 완성된다."라며 주사 터널링 현미경 경쟁력의 핵심은 낮은 온도라고 강조했다. 즉 현미경 내부의 온도를 얼마나 낮추느냐가 중요하다는 것이다. 시료 온도를 낮추면 낮출수록 원자를 볼 수 있는 분해능이 좋아지고 원자 물성을 측정할 수 있는 성능이 높아진다. "미국 국립 표준 기술 연구소 NIST가 100밀리켈빈까지 온도를 낮췄고, 독일에 수십 밀리켈빈으로 낮춘다는 장비가 있다. 우리는 미국 온도의 10분의 1 수준, 즉 10밀리켈빈까지 내려가는 세계 최고의 주사 터널링 현미경을 만들고 있다. 지금 막바지다."

획기적인 엔지니어링은 미국도 놀라게 만들었다고 염한웅 교수는 자랑했다. 미국 NIST의 전자 현미경 개발자가 2018년에 이곳을 찾아온 것이 그 방증이다. "그들이 우리를 신경 쓰고 있다. 한참 보고 갔다. 그쪽의 엔지니어링과 우리는 완전히 다르다. 우리는 개념을 갈아엎었다. 꼭 성공해야 한다. 성공해서 연구 결과가 나오면 세계가 놀랄 것이다."

염한웅 교수는 전자 현미경이 양자 컴퓨터와도 관련이 있다고 했다. 양자 컴퓨터 개발을 위해 중요한 실험을 해야 하는데, 미국보다 한국의 장비가 좋다면 당연히 찾아올 수밖에 없다. 그는 이번 전자 현미경 프로젝트가 한국 과학의 현재 수준과 자존심을 보여 주는 프로젝트라고 재차 강조했다.

주사 터널링 현미경은 물질 연구자에게는 중요하다. 《네이처》, 《사이언스》에 나오는 물질 관련 주요 연구들도 주사 터널링 현미경으로 한 것들이다.

"물리에서 주도권을 잡을 수 있는 것은 세 가지다. 장비, 물질, 아이디어다. 장비의 중요성은 지금껏 설명했다. 그다음은 물질인데, 물질 합성을 위해 가지고 있는 도구가 대개 비슷하다. 그러니 '인해전술'이다. 물질을 넣고 녹여서 굳히는 노(爐)가 많으냐 적으냐의 싸움이다. 미국에서는 신물질이 하루에 100개는 나온다. 중국이라면 200개도 나올 수 있다. 그런데 한국 물리학계에서 새로운 특성을 가진 물질을 합성했다는 말은 지난 30년간 거의 들어본 적이 없다. 그래핀도 미국에서 나왔다. 물질 성질이 좋은 걸 외국에서 찾았다고 하면 한국 연구자는 뒷북치는 셈이다. 그렇다면 어떻게 할 건가? 남은 건 아이디어다. 아이디어를 가지고 승부를 해야 한다. 미국 물리학자가 한국 물리학자보다 머리가 나쁠까? 그렇지 않다. 아이디어를 내는 뛰어난 이론 물리학자들은 주로 미국에 있다. 그러니 우리가 주도하지 못한다. 아이디어에서도, 물질에서도 주도권이 없다. 그러면 우리는 어떻게 가겠다는 거냐? 나는 내가 하고 있는 분야에서만큼은 장비로 주도권을 쥐고 싶다."

그의 연구를 물어볼 때가 되었다. 주사 터널링 현미경 빌딩을 나서기 직전에 "그러면 이것을 가지고 하는 연구는 무엇이냐?"라고 물었다. 그는 "내가 집중하고 있는 것은 솔리토닉스다. 나중에 자세히 설명하겠다."라고 말했다. 솔리토닉스가 무엇인지를 압축적으로 먼저 들으면 좋을 것 같아 제목 정도의 이야기를 들려 달라고 했다.

"솔리토닉스라는 분야는 내가 2015년에 만들었다. 정보를 저장하고 움직일 수 있는 솔리톤이라는 대상이 있는데, 고체 안에 만들어지는 준입자다. 솔리톤은 1980년대 후반에 알려졌다. 솔리톤을 정보 전달하고 계산하는 데 쓰자는 것이 나의 연구다. 지금은 모든 계산을 컴퓨터가 전자를 가지고 전류로 한다. 그런데 여러 문제가 있다. 트랜지스터 크기를 이보다 작게 만들기가 어렵다. 발열 문제도 있다. 도선은 크기를 줄이면 줄일수록 저항이 커지고 발열량이 늘어난다. 결국 더 작게 줄이는 기술은 물리적인 한계에 도달했다. 그래서 더 작게 줄일 수 없다면 발열, 즉 저항이 없는 정보 저장 매체를 쓰자는 거다. 이걸 연구하는 일군의 물리학자가 있다. 이들은 손실 없는 정보 저장 매체를 찾으려고 특이한 준입자를 찾는다. 예를 들면 초전도체는 저항이 없으니 발열이 없다. 초전도체는 냉각을 시켜야 그런 물질 특성이 나타나는데 냉각이 쉽지 않다. 때문에 상온에서 발열 없이 정보를 갖고 다닐 수 있는 준입자를 발견하는 게 중요하다. 내가 그걸 거의 발견했다고 생각한다."

그를 따라 공학 5동에 있는 실험실로 이동했다. 염한웅 교수는 서울 대학교 물리학과 85학번이다. 학부 4학년 때 오세정 교수 연구실에 들어갔다. 당시 실험실에 광전자 분광기가 1대 있었다. 1대를 학생 15명이 사용했다. 논문을 쓰려면 장비를 두 달간 사용해야 하나, 순서가 오기를 6개월 기다려야 했고, 그나마 이틀밖에 쓸 수 없었다. 연구는 재밌으나 장비가 이래서는 되겠나 싶었다. 그 말을 들은 오세정 교수가 "포항 공과 대학교로 가라. 방사광 가속기를 지을 거다."라고 이야기했다. 포항에 내려가 보고는 놀랐다. 생활비도 대주고, 광전자 분광기도 3대를 학생 6명이 쓰고 있었다. 이후 석사 장교로 군 복무를 하고 전북 대학교에서 1년간 연구원으로 일했다.

박사 공부는 일본 도호쿠 대학교에서 했다. 남들은 미국으로 가는데, 그는 왜 일본으로 갔을까? "대학 시절 학생 운동을 조금 했다. 가톨릭 계열의 청년 문화 운동이었다. 대학 3학년 때 (구)소련이 망하면서 운동권도 와해됐다. 그렇다고 운동권이었던 사람이 갑자기 영어 공부해서 미국으로 유학 간다는 것도 조금 어색했다."

도호쿠 대학교에서 3년 만에 박사 학위를 받았고 이후 도쿄 대학교 방사광 연구자인 오타 도시아키(太田俊明) 교수 밑에서 조교수로 일했다. 오타 교수는 일본 방사광 커뮤니티의 양대 패밀리 중 하나에 속한 인물이다. 도쿄 대학교는 쓰쿠바 소재 방사광 가속기에 실험 시설을 가지고 있다. 염한웅 교수는 1996년부터 2000년까지 이 빔 라인의 설비를 담당했다.

연세 대학교로부터 연락이 왔다. 포항 방사광 가속기에 빔 라인을 지었는데, 전문가가 없으니 방사광 전문가인 염한웅 교수가 와야 한다고 했다. "센터장이던 교수님이 한국 학생들 한번 잘 키워 보자고 설득했다. 도쿄 대학교에서 조교수 4년을 하고 전임 강사가 되어 부교수 되기를 기다리며 안정적인 삶을 만들어 가고 있을 때였다. 그 교수님의 설득에 넘어가 2000년 초 급히 귀국했고, 연세 대학교에서 딱 10년 일했다."

1991년부터 도호쿠 대학교에서 박사 공부를 할 때인 1995년까지 1차원 도체 만들기를 했다. 1차원 도체 연구가 당시 매력적이었다. 소자 크기는 스위치 역할을 하는 트랜지스터 크기에 달려 있다.

1990년대 중반까지만 해도 트랜지스터 크기가 5나노미터보다 작아질 수는 없다고 했다. 지금은 3나노미터 크기 소자는 불가능하다는 단계까지 와 있다.

"1990년대 말 나노 기술 바람이 불었다. 1나노미터, 2나노미터 크기 소자를 만들려고 했는데 그러려면 트랜지스터를 1나노미터 크기로 만들고, 전기가 흐르는 도선의 굵기를 1나노미터 크기로 만들어야 했다. 1나노미터는 원자 3개 크기다. 그래서 1차원 원자선 만들기를 연구한 것이다."

연구 초반인 2010년까지 10년은 작게 만드는 연구를 했다. 그 과정에서 원자선까지 만들었으나, 전기 저항이 너무 커지는 발열 문제가 생겼다. 소자가 되려면 전자가 아니라 완전히 다른 정보 전달 물질을 찾아야 했다. 즉 산란 혹은 충돌을 겪지 않는 준입자를 만들어야 했다. 이것이 솔리톤이다.

염한웅 교수는 솔리톤에 대해 추가로 이렇게 설명했다. "지진으로 생기는 쓰나미가 솔리톤이다. 쓰나미는 중간에 사라지지 않고 일본에서 태평양을 건너 미국 캘리포니아 해안까지 간다. 6,000킬로미터를 진행한다. 쓰나미는 통상적인 파도가 아니다. 특수한 파동이다. 쓰나미는 물이 만드는 솔리톤이다. 나는 '전자의 쓰나미'를 만들었다. 그게 솔리톤이다. 전자들의 파동을 가지고 솔리톤을 만들면 충돌, 산란을 겪지 않는다."

솔리톤 발견자는 2000년 노벨 화학상을 받았다. 앨런 히거(Alan Heeger)가 도체 플라스틱을 발견했고, 솔리톤이 전하를 가지고 이동한다는 것을 알아냈다. 2007년부터 솔리톤을 찾기 시작한 염한웅 교수는 2013년 인듐에서 솔리톤을 보았다. 이어 2015년 솔리톤을 완전히 이해했고 논문은 《사이언스》에 실렸다. 염한웅 교수는 "히거 교수가 생각하지 못한 것을 이론가인 천상모 한양 대학교 교수와 이성훈 경희 대학교 교수가 알아냈다."라고 말했다. 염한웅 교수는 2017년 '솔리톤'을 이용해 4진법 연산을 할 수 있다는 것을 확인했고, 이것이 솔리토닉스 개념의 시작이다.

노벨상을 받은 히거 교수 이론은 Z2이고 염한웅 교수 이론은 Z4라고 한다. 히거의 Z2는 솔리톤이 있으면 0, 솔리톤이 없으면 1로 구분할 수 있다. 염한웅 교수의 Z4 솔리톤은 0, 1, 2, 3이라는 4개의 상태를 갖고 1, 2, 3이 구별된다. 그리고 '2+2=0'이 된다는 것을 보였다. 연산이 되는 것이다. Z4 솔리톤이 4진수의 정보를 전달하는 매체가 되며, 그것도 손실 없이 전달된다는 것을 보였다.

솔리톤 연구와 개발 중인 세계 최고의 주사 터널링 현미경이 어떻게 연결될 수 있는지를 물었다. "솔리톤은 양자 역학적인 파동이다. 양자 컴퓨터의 정보 단위인 비트로 쓸 수 있다. 솔리톤 2개를 양자 얽힘 상태로 만들면 퀀텀 비트가 된다. 2개의 얽힘을 정밀 측정해야 한다. 극저온에서 성능이 우수한 현미경이 필요하다."

염한웅 교수는 "지금까지 15년 이상 솔리토닉스 연구를 했는데 연구를 끌고 나가려면 전략이 필요하다."라고 강조했다. "일부 과학자들은 꾸준히 연구를 지원하면 뭔가 해낼 수 있다는 식으로 말한다. 20년간 일관되게 연구를 지원하는 곳은 없다. 정부 연구비는 항상 단기다. 10년 후에 갑자기 연구 성과가 나오는 경우는 없다. 그런 일은 일어나지 않는다. 중간 기점의 목표와 연구 성과를 제시해야 한다. 지혜롭게 이기는 전략이 필요하다. 3년 연구 과제 짜고, 그다음 3년 연구 과제 짜고, 또 3년 이렇게 최종 목표를 향해 다가가는 것이다."

그의 이야기는 끝나지 않았지만 서울행 열차 시간이 15분밖에 남지 않았다는 것을 알았다. 염한웅 교수가 차를 태워 주겠다고 해서 부리나케 연구실에서 나왔다. 포항역까지 달려가니 열차 출발 5분 전이었다. 5시간의 흥미로운 만남은 그렇게 끝났다.

14장 포스트 그래핀 '흑린'에 주목한다

김근수
연세 대학교 물리학과 교수

김근수 연세 대학교 물리학과 교수는 "흑린(black phosphorus)을 집중 연구한다. 흑린이 내 연구에서 60~70퍼센트를 차지한다."라고 말했다. 흑린이 무엇인지부터 물었다. 흑린은 인의 일종이며, 인은 원자 번호 15, 원소 기호로는 P로 표기한다. 인에는 백린, 적린, 흑린이 있다. 백린은 폭약으로 사용되며, 적린은 성냥개비 붉은 머리에 들어간다. 백린이나 적린은 물질 상태가 불안정하지만 흑린은 고온 고압에서 처리해 안정적이다.

김근수 교수는 흑린 중에서도 2차원 흑린 실험가다. 2차원 흑린은 '포스포린(phosphorene)'이라는 별도의 이름을 가지고 있다. 2015년 포항 공과 대학교 교수 시절 흑린 연구를 시작했다. 그는 미국 로런스 버클리 국립 연구소 안에 있는 방사광 가속기 연구소(Advanced Light Source, ALS)에서 박사 후 연구원으로 3년을 일했다. 그 후 2013년 11월 포항 공과 대학교 교수로 부임했다. 그는 연구 주제를 새롭게 정해야 했다. 그때 '포스트(post) 그래핀', 즉 그래핀 이후 중요한 물질이 무엇이냐를 찾았고, 흑린이란 새로운 물질에 주목했다.

그래핀은 2차원 흑연이다. 흑연인 연필심에 스카치테이프를 붙였다 막을 떼어 내면, 그래핀을 얻을 수 있다. 안드레 가임(Andre Geim)은 그래핀을 발견한 공로로 2010년 노벨상을 받았다. 그래핀 이전에도 저차원 물질 연구가 있었다. 이때는 표면 물리학이라는 물리학이 있었다. 표면 기판 위에 한 층 한 층 원자 막을 올리는 연구다. 김근수 교수는 "표면 물리학에서는 기판이 없으면 물질이 존재할 수 없다. 안드레 가임이 2005년에 보인 것은 표면 물리학에서 다뤘던 2차원 물질과 달랐다. 기판이 없어도 2차원 물질이 존재한다. 그래핀은 새로운 저차원 물질 연구 시대를 열었다."라고 말했다.

그래핀은 전기가 매우 잘 통해 규소를 대체할 반도체로 주목받았다. 결국 대체하지 못했다. 이유가 있다. 전기는 잘 흐르나 전기가 흐르지 못하도록 통제하기가 힘들다. 그래핀에 밴드 갭(band gap)이 없기 때문이다. 반도체로 사용하기 위해서는 제어가 쉬워야 한다. 규소처럼 밴드 갭이 있어 전기를 통하게 했다가 통하지 않게 해야 한다. 물리학자들은 흑린이 그래핀과 같은 2차원 소재이면서 밴드 갭을 가지고 있다는 사실을 발견했다. 김근수 교수는 그래핀의 장점은 살리고 단점을 극복할 수 있는 2차원 물질을 찾던 중 흑린에 주목하게 됐다고 설명했다.

밴드 갭이 무엇인지는 응집 물질 물리학자를 만날 때마다 들었다. 응집 물질 물리학을 설명하는 기본적인 원리 중 하나이기 때문에 밴드 갭을 조금 더 이해하고 싶었다. 김근수 교수는 밴드 갭을 이렇게 표현했다. "장벽의 높이다. 전기가 흐를 수 있느냐 하는 장벽이다. 세라믹은 전기를 흘리려 해도 장벽이 높아서 전기가 흐르지 못한다. 반도체는 장벽이 애매하게 높다. 흐르게 할 수도 있고, 흐르지 못하게 할 수도 있다."

김근수 교수는 "나는 2차원 물질을 연구하는 실험가인데 그중에서도 밴드 구조, 즉 전자의 에너지 구조를 제어하는 데 관심이 많다."라고 자신의 연구를 다시 설명했다. 밴드 구조를 제어한다는 것은 물질의 성질을 제어한다는 뜻이다. 물성을 제어하는 이유는 반도체 기술을 보면 알 수 있다. 반도체 기술은 물성 제어 기술의 산물이다. 반도체는 전기가 흐르고, 흐르지 못하는 상태를 통제할 수 있다. 이를 통해 이진법 연산의 기본이 되는 0과 1을 구현한다. 가령 전기가 흐르지 않으면 '0', 전기가 흐르는 상태는 '1'이라고 표현하는 것이다. 이것이 반도체와 디지털 시대를 열었다.

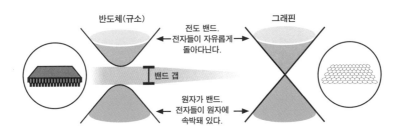

규소 반도체는 밴드 갭이 있고, 그래핀은 밴드 갭이 없다. 밴드 갭이 있는 규소는 전기가 잘 통하지만, 그래핀은 밴드 갭이 없어 전기 흐름을 통제하기 어렵다.

　　　　　　　　　　　14장 포스트 그래핀 '흑린'에 주목한다

그래핀이 1층 구조 흑연이라면 포스포린은 1층 구조 흑린이다. 인 원자들로 구성된 1층짜리 구조다. 김근수 교수는 2014년 2차원 흑린 연구에 들어가 2015년 첫 논문을 썼고, 이 연구는 《사이언스》에 게 재됐다. 2차원 흑린 물질의 천연 상태 밴드 갭은 0.3이다. 김근수 교 수는 밴드 갭을 0.3에서 0까지 범위 안에서 연속적으로 제어할 수 있 다는 것을 보였다. 2차원 흑린의 밴드 갭을 마음대로 만들 수 있게 되었다. "원자 물리학의 개념에 슈타르크 효과(Stark effect, 전기장을 외부에 서 걸어 주면 원자나 분자의 복사 스펙트럼 선이 움직이거나 갈라지는 현상)라는 것이 있 다. 고체 물리학에서도 많이 사용된다. 강력한 전기장을 걸어 주면 2 차원 흑린에서 슈타르크 효과가 나타난다는 걸 우리가 처음으로 확 인했다. 아까 이야기한 대로 밴드 갭을 마음대로 바꿀 수 있다는 것 이다. 이를 '표면 슈타르크 효과'라고 할 수 있다. 표면 슈타르크 효과 를 처음 확인했다. 전에는 특정 물질로 된 고체는 밴드 갭이 고정되 어 있다고 생각했다. 우리가 이걸 바꿨다."

김근수 교수의 흑린 관련 두 번째 연구는 2017년에 나왔다. 그는 "흑린에 디랙 입자를 인공적으로 만들 수 있었다. 그래서 2차원 흑린 에 그래핀의 특징이 나타나게 했다."라고 말했다. 디랙 입자의 디랙은 영국 물리학자 폴 디랙의 이름에서 따온 것이다.

김근수 교수에 따르면 입자의 운동량과 에너지 2개의 관계를 함 수로 표현할 수 있다. 전자 등 일반적인 입자는 2차 함수로, 디랙 전 자는 1차 함수로 표현된다. 디랙 전자가 1차 함수로 표현되는 특징은 물질의 벌집 구조에서 나온다. 그래핀이 벌집 모양 구조다. 그래핀은 디랙 전자를 갖고 있다. 이와 다르게 흑린은 일반적인 입자를 가지고 있고, 운동량과 에너지 관계는 포물선이 된다. 김근수 교수의 2017년 연구는 2개의 포물선으로 표시되던 흑린의 에너지와 운동량 상태를 직선으로 바꿀 수 있다는 것을 보인 것이다. 이 말은 흑린에서 디랙 입자를 인공적으로 만들어 낼 수 있다는 것이고, 디랙 입자를 갖고 있기에 나타나던 그래핀의 물성을 흑린에서도 구현할 수 있게 되었음을 뜻한다.

"그래핀에서는 전자가 빨리 움직이지만 전기가 흐르거나 흐르지 않게 통제하기가 어려웠다. 그런데 흑린에서 디랙 입자를 만들어 냄으로써 전자가 빨리 움직일 수 있게 되었다. 흑린은 원래 온(on), 오프(off) 스위치로 통제가 쉽다. 나는 흑린에서 전자도 빨리 움직이고, 스위치 소자로서 전기 신호를 통제할 수 있음을 보였다."

흑린 관련 세 번째 주요 논문은 《네이처 머티리얼스(Nature Materials)》 2020년 2월 3일 자에 게재됐다. 전자는 스핀이라는 물리량을 갖고 있다. 스핀은 '위' 혹은 '아래'라는 방향을 가지고 있으며, 스핀이 한쪽 방향으로만 가지런히 정렬해 있는 게 자석이다. 스핀 방향을 제어하면 컴퓨터 메모리 소자 등으로 사용할 수 있다. 이 분야를 스핀트로닉스(spintronics)라고 한다.

김근수 교수는 "이번 연구 성과는 전자의 또 다른 성질을 이용해 새로운 개념의 반도체를 만들 수 있다는 것이다. 새로운 개념이란 전자의 '유사 스핀(pseudo spin)'을 말한다."라고 말했다.

유사 스핀은 일부 물질이 가지고 있는 성질이다. 벌집 모양 구조를 가진 물질은 유사 스핀 특성을 갖는다. 벌집 모양 구조는 부분 격자를 갖고 있다. 김근수 교수는 부분 격자가 무엇인지 나의 취재 수첩에 그림으로 그려 줬다. 이에 따르면 육각형 구조에는 두 종류의 부분 격자가 들어 있다. 하나의 원자를 중심으로 육각형 구조는 세 가지 결합 방향을 가지고 있다.

두 종류의 부분 격자는 그 구조를 이룬다. 부분 격자 2개의 모양은 서로 뒤집어 놓은 것과 같았다. 거울에 비춰 보면 서로 모양이 같아 보이는 거울 대칭 구조다. 김근수 교수는 "거울 대칭으로 유사 스핀을 물리적으로 정의할 수 있다."라고 했다.

"자성 반도체의 발견은 스핀트로닉스 분야 개척에 지대한 공헌을

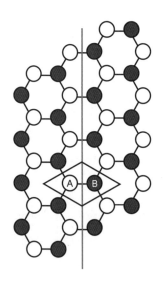

육각형 격자 구조 안에 A, B라는 두 종류의 부분 격자가 들어 있다.

했다. 마찬가지로 유사 스핀 반도체의 발견을 바탕으로 유사 스핀트로닉스라는 분야를 개척할 수 있다고 본다. 유사 스핀트로닉스는 그간 학자들이 이론적으로 그런 게 있을 수 있다고 설명한 적은 있다. 그러나 유사 스핀이 정렬된 유사 스핀 반도체는 논의된 바가 없다. 우리는 이번 연구에서 이런 개념이 가능할 뿐만 아니라, 흑린이 유사 스핀 반도체임을 실험적으로 보였다."

김근수 교수는 포항 공과 대학교에서 연세 대학교로 2017년에 왔다. 그는 "지난 3년간은 유사 스핀 생각만 했다."라고 말했다. 2차원 흑린과 그래핀은 비슷하게 생겼다. 그래핀은 정육각형 벌집 모양이며, 2차원 흑린은 정육각형 2개의 변이 찌부러진 모양이다. 2차원 흑린의 육각형은 그래핀의 육각형을 20퍼센트 변형시킨 것이라고 볼수 있다. 흑린이 발견된 것은 이미 오래되었다. 1980년대 일본 과학자들이 연구를 열심히 하다가 그 뒤 연구 붐이 가라앉았다.

다시 바람이 분 것은 2014년 흑린을 얇게 떼어 낸 2차원 물질을 발견하면서다. 미국 하버드 대학교 김필립 교수의 제자인 장위안보(张远波) 등 세 실험 그룹이 2차원 흑린 발견 관련 논문을 각각 내놓았다. 김근수 교수는 마침 미국 버클리에서의 박사 후 연구원 생활을 마치고 귀국해 연구 주제를 찾을 때여서 2차원 흑린이 눈에 들어왔다. 그래서 흑린을 파고들었다. 김근수 교수는 "흑린을 갖고 앞으로 연구할게 많다. 5년 이상 충분히 연구할 수 있다."라고 말했다.

김근수 교수는 실험가이고, 그가 쓰는 장비는 각 분해 광전자 분광(angle-resolved photoemission spectroscopy, ARPES)이다. 박사 시절부터 현재까지도 ARPES를 사용해 연구하고 있다. 그런데 김근수 교수는 주요 실험 장비인 ARPES를 갖고 있지 않다고 했다. 없으니, 장비가 있는 미국 캘리포니아 버클리에 있는 ALS나 영국 옥스퍼드 대학교 인근에 있는 다이아몬드 방사광 가속기 연구소(Diamond Light Source)로 실험하러 간다. 이중 ALS 시설을 더 자주 사용한다. 그곳은 그가 박사 후 연구원으로 가서 방사광 장비를 제대로 배운 곳이다. 그곳의 연구자인 일라이 로텐버그(Eli Rotenberg)와 에런 보스트윅(Aaron Bostwick)과 요즘도 공동 연구를 하고 있다. 김근수 교수에게 왜 포항 가속기 연구소에 구축한 장비를 사용하지 않고 미국과 영국에까지 가서 실험하느냐고 물었다. 그는 그동안 연구한 실적 덕분에 ALS나 다이아몬드 방사광 가속기 연구소에서 실험 시간을 따내는 데 문제가 없다고 했다.

실험 물리학자가 주로 사용하는 장비를 갖고 있지 않다는 것은 납득이 되지 않았다. 김근수 교수는 "ARPES가 1억~2억 원 하는 장비도 아니고, 대학 실험실에 쓰기 위해 사 오려면 10억~20억 원이 든다. 결국 돈 이야기가 된다."라며 중국 이야기를 했다. 그는 "중국 과학이 너무 무섭다. 앞으로 10년 지나면 확 달라질 것 같다."라고 말했다. 가령 김근수 교수가 박사 후 연구원 시절 같이 일했던 중국 학자인 저우슈윈(周树云) 박사는 현재 중국 칭화 대학교에 있다. 두 사람은 연구 분야도 같다.

"중국은 천 인재 프로그램을 통해 신진 학자에게 20억 원의 스타트업 연구비를 준다. 저우 박사는 우리 그룹과 방사광 가속기 실험 시간도 비슷하게 확보하면서 실험실에 ARPES도 구입해 설치했다.

물론 실험 장비가 연구자에게 다는 아니다. 창의적인 아이디어가 더 중요하다. 그래서 우리는 기죽지 않고 경쟁한다. 그렇지만 학생들을 생각하면 조금 걱정된다. 중국 학생들이 실험실 장비로 미리 연습하고 방사광 가속기에 실험하러 간다면, 한국 학생들은 머릿속으로 연습을 하며 경쟁하는 셈이다. 중국이 왜 이렇게 기초 과학에 투자하는지 모르겠지만, 엄청나게 하고 있다. 경제 성장을 해서 생긴 여력을 기초 과학에 투자하고 있다. 나중에 중국 과학이 한국보다 한참 앞서게 될까 두렵다."

그는 연세 대학교 물리학과 01학번이다. 2010년 연세 대학교에서 박사 학위를 받았다. 지도 교수는 염한웅 포항 공과 대학교 교수다. 염한웅 교수가 연세 대학교를 떠나 포항으로 가기 전에 마지막으로 박사 학위를 받은 제자가 김근수 교수다. 김근수 교수는 그런 인연으로 미국에서 박사 후 연구원 생활을 마치고 포항 공과 대학교 교수로 부임해 포항 방사광 가속기의 빔 라인에 설치된 ARPES 설계에도 참여했다. 박사 과정 때는 2차원 물질인 원자 막과 1차원 물질인 원자선을 연구했다.

김근수 교수는 젊다. 이제 40 문턱을 넘어가는 젊은 물리학자의 연구가 놀라웠고, 이야기도 흥미로웠다. 학자로서 멀리 뻗어 갈 것 같았다. 더구나 문외한이 알아듣기 쉽게 설명해 줘서 글을 빨리 완성할 수 있었다. 과학자를 만난 뒤 가장 빠른 시간 내에 글을 쓴 경우였다.

14장 포스트 그래핀 '흑린'에 주목한다

$$\vec{n} \cdot \frac{\partial \vec{n}}{\partial x} \times \frac{\partial \vec{n}}{\partial y}$$

ynamics

$$\hat{\Sigma} \times \vec{\Delta} \Big|\Big|$$

15장 스핀 소용돌이 입자 '스커미온'을 파헤치다

한정훈
성균관 대학교 물리학과 교수

한정훈 성균관 대학교 교수를 보러 가기 전에 그에 관한 자료를 찾아 읽었다. 응집 물질 물리학 연구는 일반인에게 잘 알려지지 않았으나 한정훈 교수가 전공자가 아닌 사람을 위해 쓴 글이 적지 않았다. 한국 고등 과학원이 발행하는 온라인 매체《호라이즌》에 쓴 글 5편을 찾았다. 「양자 물질의 역사」라는 제목의 시리즈 글이었다. 한 교수는 자기 성질을 띠는 '스커미온(skyrmion)'이라는 물질을 연구한다는 이야기를 들었는데,《호라이즌》글에 '스커미온' 이야기도 나온다. 수원에 가기 전날 밤늦게까지 글 5편을 다 읽었다. 2019년 10월이었다.

수원에 있는 성균관 대학교 자연 과학 캠퍼스에서 한정훈 교수를 만났다. 한정훈 교수는 "양범정 서울 대학교 교수가 연구하는 위상 반도체만큼은 아니나, 응집 물질 물리학 분야에서 위상 반도체 다음으로 큰 분야 중 하나가 스커미온이다. 지난 10년간 스커미온 분야가 굉장히 커졌다."라고 말했다.

알고 보니 한정훈 교수를 대중에게 가까이 끌어낸 사람은 그의 옛 박사 학위 논문 지도 교수다. 2016년 노벨 물리학상을 받은 데이비드 사울레스(David Thouless)가 그의 지도 교수였다. 스웨덴 한림원이 노벨상 수상자 이름을 발표한 날 한국 언론사들의 과학 담당 기자들은 사울레스의 연구 내용을 파악하기 위해 응집 물질 물리학자들에게 전화를 돌리다가 '성균관 대학교 한정훈 교수가 사울레스의 제자다.' 라는 이야기를 들었다. 1990년대 후반 미국 시애틀 소재 워싱턴 대학교에서 사울레스의 지도를 받았던 그는 20년 만에 옛 은사로 인해 분주해졌다.

　"사울레스 교수의 노벨상 연구를 설명하기 위해 2016년 10월부터 다음 해 초반까지 대중 강연을 10여 차례 했다. 대중 강연을 자주 하다 보니 응집 물질 물리학 관련 설명이 입에 붙었다. 거의 장사꾼이 됐다." 한정훈 교수는 "대중에게 응집 물질 물리학 분야를 소개하는 책이 없다. 그래서 응집 물질 물리학 책을 쓰기로 했다."라고 말했다. 『물질의 물리학』(2020년)이 그가 쓴 책이다. 그의 말에 전적으로 공감했다. 입자 물리학, 천체 물리학, 핵물리학, 원자 물리학은 대중서가 많으나 응집 물질 물리학 책은 본 적이 없다.

　한정훈 교수는 서울 대학교 물리학과 87학번이다. 학부 졸업 후인 1991년 사울레스 교수를 찾아 유학을 떠난 것은 양자 홀(quantum hall) 효과를 연구하기 위해서였다. 양자 홀 효과 연구가 그때 유행이었다. 사울레스 교수가 그 분야 대가였다. 사울레스 교수가 노벨상을 받은 것도 양자 홀 연구 덕분이다.

양자 홀 효과는 1980년 독일 뮌헨 공과 대학교에서 일하던 클라우스 폰 클리칭(Klaus von Klitzing, 1985년 노벨 물리학상 수상)이 발견했다. 한정훈 교수는 양자 홀 효과를 이렇게 설명했다. "전기 저항을 측정하면 몇 옴이라는 결과가 나온다. 아무 값이나 나올 수 있다. 사람 몸무게를 재면 아무 수치가 나올 수 있는 것과 같은 원리다. 그런데 어떤 특별한 물질을 만들어 전기 저항을 재 보니 양자 홀 저항이 2만 5000옴, 5만 옴, 7만5000옴과 같이 어떤 값의 정수배로만 나왔다. 왜 이렇게 정수배가 나오느냐가 클리칭의 양자 홀 효과 발견 이후 응집 물리학 분야의 가장 중요한 문제가 되었다. 이걸 1982년에 사울레스 교수가 풀었다." 사울레스 교수가 이것을 설명할 때 위상(topology) 숫자라는 개념이 등장한다. 양자 홀 1, 2, 3, 4, … 하는 식이다. 이 숫자가 위상 숫자다.

2016년 노벨상 위원회는 사울레스 교수 등의 연구 결과를 설명하기 위해 보도 자료를 만들었다. 보도 자료에는 계단 그림이 있다. 계

그림 속 동그란 공이나 손잡이가 없는 그릇은 위상학적으로 같은 구조이다. 공을 찌그러뜨려 그릇으로 만들 수 있기 때문이다. 이와 같이 위상 수학적인 물체는 형태가 변하더라도 변하지 않는 성질을 가지고 구분할 수 있다. 위 그림에서는 '구멍의 수'에 따라 나눌 수 있다. 이때 구멍의 수는 정수여야 한다. 사울레스 교수는 이러한 위상 수학 개념을 양자 홀 효과에 적용했다.

       15장 스핀 소용돌이 입자 '스커미온'을 파헤치다

단은 4개다. 특별한 물질의 저항값을 측정하면 1, 2, 3, 4로 나오고 그 중간값은 나오지 않는다는 이야기를 계단 그림으로 설명했다. 한정훈 교수는 베이글과 거기에 실을 감는 횟수를 예로도 들었다.

"구멍이 하나 있는 베이글을 생각해 보자. 베이글에 실을 감을 수 있는 건 1번, 2번, 3번과 같은 정수배다. 정수로만 감긴다. 베이글이 갖고 있는 위상학적인 특징 때문에 실을 감을 수 있는 숫자가 정수의 배로만 나온다. 양자 홀 효과도 마찬가지다. 물질이 가지고 있는 위상학적인 특징이 홀 저항 측정 결과에 그대로 반영된다. 이게 정수 양자 홀 효과다." 한정훈 교수는 양자 홀 효과 연구로 1997년 박사 학위를 받았다.

한정훈 교수의 두 번째 스승은 일본 이화학 연구소의 나가오사 나오토(永長直人) 교수다. RIKEN은 일본이 자랑하는 국립 기초 과학 연구소다. 나가오사 교수와의 인연이 한정훈 교수를 스커미온 연구로 이끌었다. 한정훈 교수는 "내가 해 온 일 중에서 잘 알려지고 묵직한 것이 스커미온 연구다. 나가오사 교수는 이론가다. 응집 물질 이론 전반에 많은 기여를 했다."라고 말했다. 나가오사 교수는 1958년생이다.

한정훈 교수는 워싱턴 대학교에서 1997년 박사 학위를 받고 두 군데의 박사 후 연구원 생활과 건국 대학교 교수를 거친 후 2003년 성균관 대학교 교수로 부임했다. 부임 다음 해, 나가오사 교수의 명성을 듣고 그에게 이메일을 보냈다. "연구 아이디어를 찾고 있었다. 나가오사 교수에게 방문하고 싶다고 연락했다. 그는 흔쾌히 '오라, 같이 할 일이 있는지 의논해 보자.'라고 했다. 그렇게 공동 연구를 하게 됐다.

2004년부터 매년 한두 번씩 도쿄에 갔다."

나가오사 교수와의 연구 성과는 꽤 좋았다. 몇 가지 연구 성과를 냈다. 그리고 이제 무엇을 할까 고민하던 터에 나가오사 교수가 말했다. "망가니즈 실리사이드(MnSi, 망간 규화물)에 이상한 실험 결과가 있다. 실험 결과를 아무도 이해하지 못하고 있다. 우리가 이 현상을 설명하는 이론 모형을 만들어 보자."

한정훈 교수가 모형을 만들어 대학원 학생과 컴퓨터 프로그램을 돌렸다. 물질의 원자 세계를 정확히 이해할 수 없으니 핵심을 추려 수학적인 모형을 만들었다. 한정훈 교수는 "간단한 컴퓨터 계산으로도 모형이 주는 상태가 무엇인지를 풀어낼 수 있다. 풀어 봤더니 스커미온 구조가 나왔다. 망가니즈 실리사이드에서 이상한 실험 결과가 나오는 건 스커미온 때문이 아닐까 생각하게 됐다."라고 말했다.

망가니즈 실리사이드에서 관찰되는 이상한 현상은 홀 현상이다. 한정훈 교수는 스커미온 구조와 홀 현상의 연관성을 발견하고 흥분해 논문을 썼다. 논문이 거의 완성될 즈음인데, 독일 뮌헨 공과 대학교의 크리스티안 펠더(Christian Felder) 교수 그룹이 먼저 논문을 냈다. 망가니즈 실리사이드에서 스커미온을 봤다는 똑같은 연구 결과였다. 2009년 일이었다. 힘이 쭉 빠졌다. 그런데 그것으로 게임이 끝난 게 아니었다. 펠더 그룹이 3차원 물질에서 스커미온을 봤다면, 나가오사-한정훈 그룹은 2차원 물질에서 스커미온을 본 것이다.

이론가인 나가오사 교수는 탁월한 실험 물리학자를 파트너로 두고 있다. 역시 도쿄 대학교 교수이고 RIKEN에서 일하는 도쿠라 요시노리(十倉好紀) 교수다. 도쿠라 교수는 매우 유명한 실험가다. 한정훈 교수는 도쿠라 교수를 "무슨 물질이든 만들 수 있고, 무슨 현상이든 관측할 수 있는 막강한 실력의 보유자"라고 평가했다. 노벨상 후보로 이름이 자주 오른다. 나가오사 교수가 도쿠라 교수에게 "왜, 2차원 자성체 갖고 있었잖아. 그걸 확인해 봐."라고 제안했다. 도쿠라 교수는 자성체를 아주 얇게 만들었다. 그리고 스커미온 구조가 나오는 것을 확인했다. 이로 인해 스커미온 구조를 발견한 사람은 펠더 그룹과 도쿠라 그룹 2개가 되었다. 한정훈 교수가 공저자로 참여한 논문은 2010년 《네이처》에 실렸다.

지금까지 스커미온을 이야기했는데, 스커미온이 무엇인지는 말하지 않았다. 한정훈 교수에 따르면, 스커미온이란 용어는 영국 물리학자 토니 스컴(Tony Skyrme)의 이름에서 따왔다. 토니 스컴이 연구하던 1960년대 입자 물리학계의 화두 중 하나는 원자핵 안에 들어 있는 양성자나 중성자는 뭘로 만들어졌느냐였다. 토니 스컴은 양성자는 '꼬여 있는 매듭' 상태라는 개념을 들고 나왔다. 매듭이란 만들어지면 잘 끊어지지 않는 안정적인 구조다. 그렇기에 양성자는 붕괴하지 않고 안정적인 상태를 유지한다고 토니 스컴은 주장했다. 결과적으로 그의 생각은 틀렸다. 양성자 속에 쿼크가 들어 있는 것으로 밝혀졌으니까.

한정훈 교수는 "꼬여 있다면 끊어지지 않는다. 이런 것이 위상 수학이다. 위상 숫자가 변하지 않기 때문에 끊어지지 않는다. 양성자의 내부 구조가 밝혀지면서 스컴의 이야기는 틀린 것이 되었지만, '아이디어는 재밌었네.'라는 평을 들었다."라고 말했다. 그런데 2009년 스커미온 구조가 응집 물질 물리학에서 발견됐다. 자석에서 나왔다.

2차원 고체가 있다고 가정하자. 전자의 스핀은 '위' 혹은 '아래'라는 두 방향 중 하나를 가리킨다. 일반 자석은 자석 속 전자들의 스핀이 일제히 한 방향을 가리킨다. 그래야 자력이 모여 센 자석이 된다. 스커미온은 조금 다르다. 2차원 평면의 바깥, 즉 주위에서는 스핀이 위를 향한다. 그런데 2차원 평면의 가운데에 오면 스핀이 아래를 향한다. 스핀 방향이 주위에서 가운데 지점으로 다가갈수록 조금씩 휘어지고, 가운데에 오면 완전히 뒤집힌다. 그래서 스커미온은 '스핀 소용돌이 입자'라고 부른다.

화장실에서 물을 내리면 소용돌이가 생긴다. 소용돌이도 위상학적인 존재다. 담배 구름도 마찬가지다. 담배 구름이 잘 없어지지 않는 이유도 담배 구름 고리를 따라 공기가 뱅글뱅글 소용돌이치기 때문이다. 스커미온도 위상학적인 존재이기 때문에 만들어지면 없어지지 않아 안정적이다.

한정훈 교수는 이후 2013년까지 스커미온이 어떤 운동 방정식을 만족하는가 하는 것을 연구했다. 4년간 집중적으로 연구했다. 스커미온이 왜 야구의 커브 공처럼 휘는지 하는 운동 방정식을 찾아야 한다. 기본 방정식을 만드는 데 참여했다. 결국 자성체 연구에 10년간 매달린 게 되었다.

그에게 스커미온의 운동 방정식을 수첩에 써 달라고 요청했다. 간단했다. 흥미로운 사실은 스커미온에 힘을 가하면 수직으로 움직인

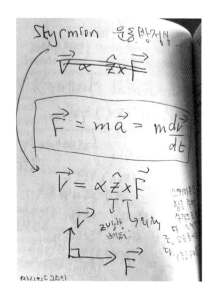

한정훈 교수가 써 준 스커미온의 운동 방정식.

다는 것이었다. 앞으로 밀었는데 스커미온은 수직 방향으로 힘을 받는다. 이어 한정훈 교수는 "소용돌이도 마찬가지다."라고 말했다. 이 대목에서 나가오사 교수와의 스커미온 연구는 사울레스 교수의 또 다른 연구와 접점을 맺게 된다.

한정훈 교수가 1991년 박사 과정을 밟기 위해 미국 워싱턴 대학교로 갔을 때였다. 앞에서 말한 것처럼 양자 홀 연구를 하러 갔고 당시 사울레스 교수는 양자 홀 분야에서 명성이 높았다. 그런데 사울레스 교수는 관심이 다른 곳에 가 있었다. 사울레스 교수는 소용돌이 역학 연구를 하고 있었다. 한정훈 교수는 양자 홀 효과 연구를 했다. 그렇기에 아이디어도 혼자 내고, 방정식 푸는 것도 알아서 풀었다. 박사 학위도 오래 걸렸다. 그는 박사 과정을 6년간 했다.

"사울레스 교수는 당시 늘 소용돌이 문제를 풀고 있었다. 그는 소용돌이의 운동 방정식에서도 세계적 권위자다. 소용돌이 운동 방정식과 스커미온 운동 방정식은 형태가 똑같다. 스커미온과 소용돌이는 일종의 사촌 관계다. 그래서 스커미온 연구를 통해 나는 결국 옛날에 박사 과정 때 하고 싶었던 것을 했다."

스커미온에는 어떤 수학적인 양이 있다. 그것을 스커미온 숫자라고 한다. 일반 자석의 스커미온 숫자가 0이라면, 스커미온은 스커미온 숫자가 1이다. 통상 정보를 비트로 표시하며, 0 혹은 1로 정보를 저장한다. 스커미온 수가 1이면 그 자체가 비트가 된다. 그러니 스커미온은 저장 매체가 될 수 있다. 2007년 자성체 연구로 노벨 물리학상을 받은 프랑스 학자 알베르 페르(Albert Fert)가 있다. 그가 "스커미온으로 기억 소자를 만들면 효과적이겠다."라는 말을 했다. 유명한 사람이 그런 말을 하니 스커미온에 대한 관심이 응집 물질 물리학자 사회에서 증폭됐다.

응집 물질 물리학 연구자가 관심을 가지는 분야는 반도체, 자성체다. 컴퓨터 하드 디스크의 집적도를 높이기 위해서는 자성체 연구가 중요하다. 하드 디스크에는 작은 자석이 들어 있다. 스커미온이 하드 디스크 저장 매체가 될 수 있고, 또 효과적인 이유는 스커미온 크기가 작기 때문이다. 10×10나노미터 안에 스커미온이 하나 들어간다. 지금의 하드 디스크보다 집적도가 훨씬 좋다.

스커미온 구조는 다양한 종류의 자석에서 발견된다. 흔히 철과 망가니즈 합금으로 막대 자석을 만드는데, 막대 자석을 아주 얇게 2차원 구조로 만들면 스커미온 구조가 나온다. 스커미온 구조는 섭씨 -200도에서 최초로 발견됐으나 지금은 상온에서도 보인다.

한정훈 교수는 2017년 책을 써 보라는 제안을 받고 영어로 책을 써 독일 슈프링거 출판사에서 냈다. 제목은 『응집 물질에서의 스커미온(Skyrmions in Condensed Matter)』(2017년)이다. "영어로 학술서를 내는 한국 물리학자는 거의 보지 못했다. 일본인은 몇십 년 전부터 영어로 책을 쓰는데."라고 그는 말했다. 독일 슈프링거 출판사는 과학 전문 출판사다. 지난 2015년《네이처》를 인수한 바 있다. 스커미온 분야에서 이제 물리학자들은 할 만큼 한 상태이고 응용이 남았다. 이제 재료 공학 쪽으로 연구가 넘어갔다.

한정훈 교수는 자신의 현재 연구에 대해 두 가지를 말했다. 꼬인 그래핀(twisted bi-layer graphene) 연구와 텐서 그물망(tensor network)을 기반으로 한 응집 물질 이론 만들기다. 꼬인 그래핀 연구는 미국 하버드 대학교 실험 응집 물질 물리학자인 김필립 교수와 함께한다. 김필립 교수는 한정훈 교수의 서울 신림 중학교, 서울 대학교 물리학과 1년 선배다. 김필립 교수는 그래핀 분야에서 업적을 쌓은 연구자이고 그래핀은 2차원 탄소막이다. 한정훈 교수는 "그걸 만드는 데 한발 늦는 바람에 김필립 교수가 노벨상을 놓쳤다."라고 말했다.

김필립 교수는 2018년 여름 방문 교수로 성균관 대학교에 와서 연구했다. 김필립 교수가 어느 날 보자고 하더니 "그래핀에 재미있는 연구가 있다."라고 했다. 그래핀 2장을 꼬기만 했는데 신기한 현상을 봤다는 것이었다. 김필립 교수로부터 이야기를 듣고 한정훈 교수는 꼬인 그래핀 실험 결과를 설명하는 이론을 만들었다. 일을 하다 보니 잘 모르는 수학 문제가 튀어나왔다. 영국 에든버러 국제 수리 과학 연구소 소장인 수학자 김민형 교수에게 자문을 구했다. 김민형 교수가 방학을 이용해 한국 고등 과학원에 와 있을 때였다. 김민형 교수는 "아는 문제"라며 자문을 해 줬다. 한정훈 교수는 "실험 물리학자, 이론 물리학자, 수학자가 협업한 흥미로운 사례였다."라고 말했다.

이론을 만드는 사람은 자신의 이름이 들어간 이론을 남기고 싶어한다. 한정훈 교수도 그렇다. 텐서 그물망을 기반으로 한 응집 물질이론 만들기에 기대를 걸고 있다. 한정훈 교수는 "텐서 그물망이 무엇인지는 설명하기 어렵다."라고 말했다. 대신 그는 자신의 연구실 이름이 '다체(many body) 연구실'임을 환기시켰다.

"물질은 전자와 전자, 원자와 원자의 뭉치로 이뤄져 있다. 뭉치면 상호 작용 효과가 중요해진다. 특이한 집단 상태가 창발한다. 도체, 부도체, 반도체와 같은 물질의 특성은 모두 창발 현상이다. 이 창발적인 상태를 효과적으로 체계적으로 다루는 방법 중 하나가 텐서 그물망이다."

한정훈 교수 이야기는 이쯤 해서 끝났다. 흥미로운 응집 물질 물리학 이야기였다. 노벨상을 받은 은사 덕분인지, 아니면 본인의 노력 때문인지, 까다로운 응집 물질 물리학 내용을 쉽게 설명하는 능력이 돋보였다.

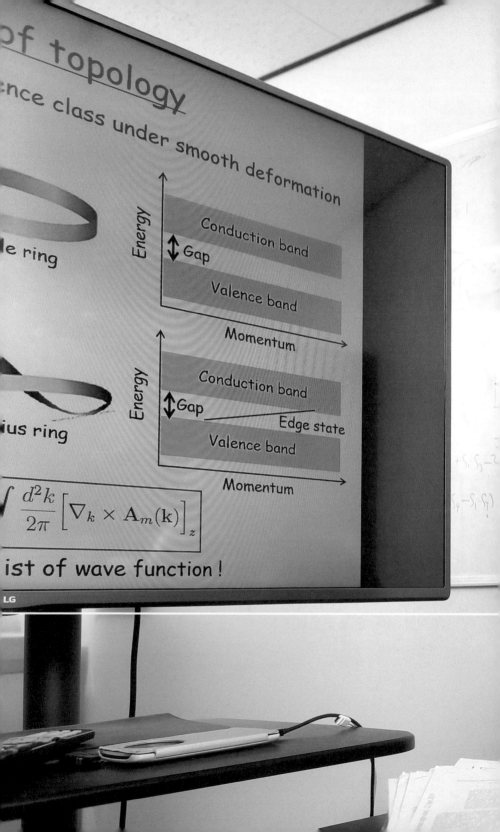

16장 위상 물질 물리학과 반도체의 미래

양범정

서울 대학교 물리 천문학부 교수

서울 대학교 물리 천문학부 양범정 교수는 내가 만난 첫 번째 고체 물리학자다. 그는 "어떤 재료를 쓰느냐는 인류 문명의 발전 정도를 알려주는 지표다. 석기, 청동기, 철기로 인류 문명의 시대 구분을 하지 않느냐. 그만큼 재료가 중요하다."라고 말했다. 그의 말을 들으니, 고체 물리학의 중요성이 쉽게 다가왔다. "재료를 기준으로 보면 지금은 반도체 시대라고 할 수 있다. 나는 반도체에서도 특별한 반도체라고 볼 수 있는 위상 물질을 연구한다. 위상 물질은 위상 성질을 가진 반도체다.

양범정 교수를 만나기에 앞서 한국 물리학회 홈페이지(www.kps.or.kr)에 들어가 봤다. 2019년 10월 현재 물리학회 소속 회원들의 연구 분야 통계가 나와 있다. 고체 물리학 분야가 압도적으로 많았다. 전체 4,385명 중 고체 물리학에 해당하는 응집 물질 물리학과 반도체 물리학 분과 회원이 41.2퍼센트였다. 응집 물질 물리학이 1,177명, 반도

16장 위상 물질 물리학과 반도체의 미래

체 물리학이 628명이다. 반면 입자 물리학 453명, 핵물리학 367명, 천체 물리학 228명이었다.

양범정 교수는 "한국의 공부 잘하는 물리학과 학생은 입자 물리학 이론을 해야 하는 걸로 생각하는 경향이 있다. 중국은 다르다. 학부 수석 졸업생이 고체 물리학을 연구한다."라고 했다. 입자 물리학자로 노벨상을 받은 양전닝(楊振寧)이 언젠가 중국에 와서 "입자 물리학보다는 고체 물리학이 앞으로 연구할 게 많다."라고 말한 것이 계기가 됐다.

위상 물질이 알려진 것은 20년도 안 됐다. 현재 고체 물리학 분야에서는 위상 물질이 가장 핫하다. 21세기 벽두에는 그래핀 연구 열풍이 불었으나, 지금은 위상 물질 연구 경쟁이 치열하다. 양범정 교수는 출판 전 논문을 모아 놓은 프리프린트(pre-print) 사이트인 아카이브(arxiv.org)를 매일 체크한다. 양 교수 학생이 쓰고 있는 주제와 같은 논문이 올라오곤 하기 때문이다.

위상 물질은 무엇일까? 위상 물질이라는 단어에서 위상이 무엇인지 먼저 살펴봤다. 물리학에서는 위상으로 번역되는 용어가 두 가지다. topology와 phase다. 그러니 헷갈리면 안 된다. 양 교수가 말하는 위상은 topology다.

이 위상이란, 무엇일까? 위상이란 개념에 관한 좋은 설명이 있다. 2016년 노벨 물리학상 수상자는 데이비드 사울레스, 덩컨 홀데인(Duncan Haldane), 마이클 코스털리츠(Michael Kosterlitz)였고, 위상 물질 시대를 열었다는 평가를 받았다. 스웨덴 국왕이 참석하는 노벨상 시상

식장에서 위상이 무엇인지를 설명하기 위해 달걀과 축구공, 그리고 결혼 반지와 도넛 이야기가 나왔다. 노벨 재단 측의 토르스 한스 한손(Thors Hans Hansson) 교수가 국왕 앞에서 수상자 선정 이유를 쉽게 설명하기 위해 든 예들이다.

"위상은 개체의 속성을 나타내는 강력한 특성이다. 달걀과 축구공은 같은 위상 특성을 가지며 구멍이 없는 3차원 물체에 속한다. 한편 반지나 도넛은 구멍이 하나 있는 위상을 가진다. 구멍 수는 언제나 정수이고, 위상 불변량의 한 예다."

그는 이어 위상 물질이 무엇인지를 설명했다. "노벨상 수상자 세 사람은 물질 상태에 대한 기존 분류가 불완전하다는 것을 보여 주었다. 기존 상태들 외에 위상 불변량에 대한 특잇값을 갖는 위상 상태가 추가로 있다는 것을 보여 줬다."

커피 잔과 구멍이 하나 있는 도넛이 위상이 같다는 것은 알겠다. 그런데 고체 물리학이 다루는 물질들 사이에 위상이 같고 다르다는 것은 무슨 뜻일까? 양범정 교수가 연구실에 있는 대형 모니터에 프레젠테이션 화면을 하나 띄웠다. 그리고 다음과 같이 설명했다.

"화면에 보이는 것이 고체의 2차원 평면이다. 평면에는 수없이 많은 원자가 주기성을 갖고 배열해 있다. 원자 하나하나는 원자핵과, 그 주변을 도는 전자로 이뤄졌다. 전자는 궤도(obital)를 따라 회전한다. 전자가 원자의 어떤 궤도에 들어 있느냐를 기술하는 게 양자 역학의 파동 함수(wave function)다. 격자 평면에는 이런 원자들이 수없이 많이 들어 있고, 격자 평면에서 파동 함수의 운동량(momentum)과 파수

16장 위상 물질 물리학과 반도체의 미래

(wave number)도 주기성을 갖는다. 그런데 파동 함수의 운동량이 바뀔 때 파동 함수가 꼬일 수가 있다. 보통 물질에서는 파동 함수가 꼬임 구조를 갖고 있지 않다. 위상 물질에서는 파동 함수가 뫼비우스의 띠처럼 꼬여 있다. 다시 말해, 파동 함수가 추상적인 공간인 운동량 공간(momentum space)을 한 바퀴 돌아 제자리로 돌아왔을 때 꼬여 있다면 위상 물질이고, 아니면 보통 물질이다. 뫼비우스 띠는 띠를 찢지 않는 한 일반적인 띠로 만들 수 없다. 위상 물질의 전자 구조 역시 물질의 화학 구조가 바뀌지 않는 한 보존된다. 위상 물질은 매우 안정적이다. 그리고 어떻게 꼬이느냐 하는 게 물질의 위상 성질을 결정한다."

파동 함수가 나오고 운동량, 파수, 운동량 공간이라는 여전히 익숙하지 않은 물리학 용어가 쏟아지니, 당혹스럽다. 다 들어본 단어이기는 하나, 그의 말을 따라가기 위해서는 설명을 들으며 어떤 그림을 떠올려야 하는데, 그게 쉽지 않다. 계속 설명을 들었다.

양범정 교수에 따르면, 위상 물질 중 가장 먼저 발견되고 표준적인 것이 '위상 부도체(topological insulator)'다. 위상 부도체의 3차원 공간 대부분은 부도체, 즉 전기가 흐르지 않는다. 하지만 표면에는 전기가 흐른다. 이런 성질을 가진 물질, 즉 위상 부도체가 많다.

원자 번호가 큰 물질인 비스무트(Bi), 셀레늄(Se), 안티모니(Sb) 화합물에서 위상 부도체 특성이 나타난다. 이들은 스핀-궤도 상호 작용이라는 물리적 특성이 강하다. 전자의 스핀 운동(자전 운동)과 전자의 궤도 운동(공전 운동)이 서로에게 영향을 준다. 전자가 회전하면 자기장을 만들어 내는데, 전자의 회전 궤도가 달라지면 자기장이 달라질

수 있고 그러면 스핀 방향도 변할 수 있다. 스핀 방향이 변하면 위상 성질이 달라질 수 있다.

"반도체 소재인 규소와 같이 가벼운 원소로 된 물질에서는 위상 성질이 중요하지 않다. 무거운 물질(비스무트와 셀레늄)을 잘 조합하면 위상 물질이 될 가능성이 크다." 대표적인 위상 반도체로 비스무트와 텔루륨(Te)의 화합물(Bi_2Te_3)과 비스무트와 셀레늄의 화합물(Bi_2Se_3)이 있다.

파동 함수가 꼬여 있는 방식은 위상 물질마다 다르다. 뫼비우스 띠처럼 꼬여 있는 것은 한 예일 뿐이다. 대칭성이 다르면 다른 형태의 위상 성질을 가질 수 있다. 양범정 교수는 대칭성에 따라 위상 성질이 달라지는 것과 관련해, 결정 위상 부도체(topological crystalline insulators)를 예로 들었다. 결정 위상 부도체는 '결정 대칭성'으로 인해 생기는 위상 물질이다. 결정 대칭성의 한 예로는 거울 대칭성이 있다. 거울 대칭성은 물질을 절반으로 접었을 때 양쪽이 똑같은 특성을 갖는다. 위상 부도체는 어떻게 잘라도 표면에는 전류가 잘 흐른다. 그런데 거울 대칭성에 따라 보호되는 결정 위상 물질은 성질이 다르다. 같은 표면이라도, 거울 면에 수직인 표면으로는 전류가 흐르나, 거울 면에 수평인 표면으로는 전류가 흐르지 않는다.

양범정 교수는 "물질의 대칭성 종류는 매우 많다. 격자 구조를 갖는 고체는 다양한 대칭성을 가지며 이들의 집합은 군(group)을 형성한다."라고 말했다. 고체 물질이 갖는 대칭성 종류는 자성을 무시할 경우 230개다. 자성을 고려하면 대칭성이 크게 늘어나 1,500개가 넘는

16장 위상 물질 물리학과 반도체의 미래

다. 대칭, 대칭 하는 말은 많이 들어 봤는데, 양범정 교수로부터 설명을 들으니, 대칭성이 또 다르게 다가온다. 양범정 교수는 "불과 몇 달 전에 대칭성 230개가 보호할 수 있는 새로운 위상 성질이 무엇인지를 모두 분류했다. 미국 프린스턴 대학교의 보그단 버너빅(Bogdan A. Bernevig) 그룹과 하버드 대학교의 애슈빈 비시나바스(Ashvin Vishwanath) 그룹, 중국 물리학 연구소(IOP) 등 여러 고체 물리학 그룹이 해 냈다."라고 말했다.

위상 물질 연구 경쟁이 후끈한 것을 느낄 수 있었다. 양범정 교수는 고체 물리학자가 지금 경쟁적으로 하는 일을 다음과 같이 다시 정리해 줬다. "결정 대칭성이 보호하는 새로운 위상 부도체, 위상 금속 혹은 준금속을 찾고, 그 물질이 갖는 물성을 이해하고, 그 물질이 가진 파동 함수의 위상학적 성질을 이해하는 게 목표다." 위상 부도체를 분류하는 작업은 했으나, 각각의 성질과 의미는 앞으로 이해해야 한다. 실질적으로 물질로 구현할 수 있는지도 봐야 한다. 이것이 양범정 교수 연구의 최전선이다.

그의 연구를 보면 고체 물리학 말고 응집 물질 물리학이라는 용어도 나온다. 고체 물리학은 전통적인 용어이고, 요즘은 응집 물질 물리학이라는 말을 사용한다. 전통적인 연구 대상인 고체에 초전도체와 같은 유체 특성을 가진 물질이 추가되면서 연구 분야가 확대됐고, 그에 맞는 응집 물질 물리학이란 용어를 쓰고 있다고 했다.

양범정 교수는 서울 대학교 화학과 97학번이다. 서울 대학교 물리학과 대학원에 가서 2008년 박사 학위를 받았다. 서울 대학교 56동 5

층에는 물리학과 교수들 연구실이 있다. 양범정 교수 방 지척에 그의 논문 지도 교수인 유재준 교수 연구실이 있다. 양범정 교수는 박사 과정 때는 쩔쩔매는(frustrated) 자성체의 초전도 및 들뜸 현상 연구를 했다. 그의 박사 논문 주제가 낯설어서 나를 쩔쩔매게 했다. 하지만 포기하지 않고 쩔쩔매는 자성체가 무엇인지를 물어봤다.

자성체는 크게 보아 강자성체, 반(反)강자성체가 있다. 일반적인 자성체는 강한 자기장 안에 놓이면 전자의 스핀이 같은 방향으로 정렬한다. 그리고 강자성체는 자기장이 없더라도 원자 속 전자의 스핀이 자발적으로 한 방향으로 정렬해 있다. 스핀들이 한 방향으로 정렬하면서 자성을 띤다. 이와 다르게 반강자성체는 전자들의 스핀이 서로 다른 두 방향, 즉 위아래로 엇갈리며 반복되는 구조다.

쩔쩔매는 자성체는 반강자성체의 한 종류다. 스핀이 위아래로 반복되는 구조. 반강자성체인데 격자 모양이 삼각형인 경우를 보자. 격자와 격자가 만나는 연결점에 스핀이 놓여 있다. 스핀이 있으면 옆에 있는 점에 놓인 스핀은 방향이 달라야 한다. 하나가 위라면 인접한 스핀은 아래를 가리켜야 한다. 스핀 방향이 엇갈리는 게 반강자성체의 특징이니까. 삼각형의 경우는 꼭짓점이 3개다. 한 점의 스핀 방향이 위라고 하자. 그러면 이 점과 인접한 점의 스핀 방향은 아래가 될 것이다. 그러면 삼각형의 남은 한 점의 스핀 방향은 무엇인가. 어떤 스핀 방향을 가져야 할지 애매하다. 위일까, 아래일까? 스핀이 위를 가리킬지, 아래를 가리킬지를 정하지 못한다. 쩔쩔매게 된다.

양범정 교수가 박사 과정 때 연구한 격자는 기본 단위가 삼각형이

16장 위상 물질 물리학과 반도체의 미래

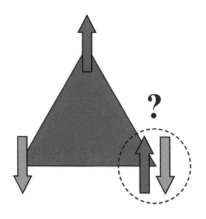

쩔쩔매는 자성체는 전자들의 스핀이 서로 다른 방향으로 엇갈리며 반복되는 구조로 정렬한다. 그런데 삼각 격자에 놓이는 경우에는 세 점이 모두 서로가 서로에게 반대 방향으로 정렬할 수 없다. 두 점의 방향이 위와 아래로 결정되면 나머지 점은 둘 중 어느 방향으로 가야 할지 정하지 못하고 '쩔쩔매게' 된다.

고, 삼각형 2개가 겹쳐진 모양이다. 이런 모양을 카고메 격자(kagome lattice, 일본에서 대나무 삼태기(籠)를 엮을 때 쓰는 방식의 이름에서 유래했다.)라고 한다. 양 교수는 "이런 상호 작용을 하는 시스템이 가질 수 있는, 에너지의 바닥 상태와 들뜬 상태의 특성 연구는 매우 어렵다. 박사 때 이걸 연구했다."라고 말했다. 그의 설명은 쉽지 않았으나, 응집 물질 물리학자가 연구하는 게 무엇인지 조금은 더 맛볼 수 있었다.

쩔쩔매는 자성체 분야는 강상관계 물질이라는 연구 분야에 속한다. 강상관계 물질은 물질 내 전자 간의 상호 작용이 강한 물질을 말한다. 강상관계의 주요 분야로는 높은 온도에서 저항이 0이 되는 고온 초전도, 거대 자기 저항 물질(colossal magnetoresistance, CMR), 쩔쩔매는 자성체가 있다.

양범정 교수는 박사 학위를 받은 뒤 캐나다 토론토 대학교로 갔다. 토론토 대학교의 김용백 교수가 강상관계 물질 이론과 쩔쩔매는 자성체 연구의 권위자다. 박사 후 연구원으로 일하면서 위상 물질 연구를 시작했다. 그리고 2년 뒤인 2010년 7월 일본으로 옮겼다. 도쿄 서쪽에 있는 와코 시에는 이화학 연구소가 있다. 양범정 교수는 이곳에서 위상 물질을 본격적으로 연구했다. 이화학 연구소 소속이기도 한 도쿄 대학교의 나가오사 나오토 교수와 도쿠라 요시노리 교수의 지도를 받았다. 그리고 2015년 9월 서울 대학교 교수로 부임했다. 양범정 교수의 연구실 한쪽에는 "어머니 친구 일동", "분당 외숙모"라고 적힌 띠가 달려 있는 교수 임용 축하 난 화분들이 놓여 있었다. 그가 젊은 학자라는 것을 확인할 수 있었다.

주요 연구를 물었다. 2014년에 쓴 3차원 디랙 준금속 관련 논문을 먼저 설명했다. 일본 이화학 연구소에서 썼으며 그간 쓴 논문 중에서 가장 많이 인용됐다. (2022년 4월 4일 현재 723회 인용됐다. 구글 스칼라 기준.) 응집 물질 물리학자들은 위상 부도체를 발견하고, 이어 위상 준금속(topological semimetal)을 찾아냈다. 준금속은 금속과 비금속의 중간 성질을 가졌으며 일반적으로 붕소, 규소, 저마늄 등 6개 원소를 준금속이라고 한다. 준금속은 반도체 특성을 갖는다. 양범정 교수가 반도체의 에너지 띠(energy band) 구조 이미지를 보여 줬다. 물질 물리학자는 '띠 구조(band structure)' 이론으로 도체와 부도체, 반도체를 설명한다. '에너지 띠'는 결정 속에서 전자가 존재할 수 있는 에너지 영역이다. 그림을 보니, 도체와 부도체, 반도체의 차이가 무엇인지를 알 수 있었다.

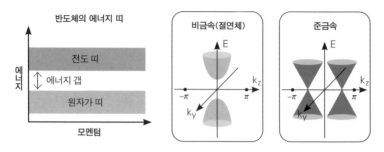

반도체의 에너지 띠

전도 띠

에너지 갭

원자가 띠

에너지

모멘텀

비금속(절연체)

E

k_z

$-\pi$

π

k_y

준금속

E

k_z

$-\pi$

π

k_y

절연체(왼쪽)는 위아래 에너지 띠가 사이가 떨어져 있다. 디랙 준금속은 에너지 띠가 한 점에서 만난다. 띄엄띄엄 있는 점들에서 2개의 위아래 에너지 띠가 만나면 준금속이다.

  2개의 에너지 띠인, 전도 띠(conduction band)와 원자가 띠(valance band)가 보인다. 두 에너지 띠의 사이 빈 공간이 에너지 갭이다. 부도체의 경우 원자가 띠에는 전자가 가득 차 있고, 전도 띠에는 전자가 없다. 도체의 경우, 원자가 띠에 전자가 가득 차 있는 것은 부도체와 같으나, 전도 띠에 전자가 일부 들어가 있는 게 다르다. 준금속은 전도 띠와 원자가 띠를 일부러 찌그러뜨린 것으로 두 띠가 한 점에서 만난다. 에너지 갭을 완전히 없애면 도체가 되나, 띄엄띄엄 떨어져 있는 점 몇 개에서만 갭이 사라지게 하면 준금속이 된다. 이게 디랙 준금속이다.

  양범정 교수는 2013년 디랙 준금속이 위상 성질을 가질 수 있다는 것을 이론으로 제안했다. 그는 "내가 한 일은 격자 대칭성을 기준으로 어떤 종류의 디랙 준금속이 일반적으로 자연계에 존재할 수 있는지와 그 위상 성질이 무엇인지를 처음 분류한 것이다."라고 했다. 설명을 겨우 따라가기는 했는데, 자연에 존재하는 디랙 준금속이 무엇인지는 물어볼 여유를 갖지 못했다. 그의 논문은 학술지《네이처 커뮤니케이션스(*Nature Communications*)》에 실렸다.

그의 두 번째 주요 연구는 서울 대학교 교수로 일하면서 했다. 양범정 교수는 "격자 대칭성이 보호하는 새로운 위상 상태를 찾는 게 한 가지 큰 연구 주제다. 시공간 반전 대칭성이라는 게 있다. 물질의 공간 반전 대칭성에 시간 역전 대칭성(time-reversal-symmetry)을 합한 개념이다. 이건 다루기 어렵다. 이런 대칭성이 있을 때 기존에 알려지지 않은 새로운 위상 상태가 있다는 걸 우리 그룹이 알아냈다. 시공간 반전 대칭성이 보호하는 위상 부도체, 위상 준금속을 찾았고, 그것들의 위상학적 성질을 연구했다."라고 말했다. 논문은 《피지컬 리뷰 레터스》에 2017년과 2018년 두 차례 실렸고, 이 주제 관련해서 쓴 논문은 모두 6편 정도 된다.

세 번째 주요 연구는 2019년 4월에 나왔다. 각광을 받아 온 물질인 그래핀을 2장 겹치고 비틀었다. 이 특이한 그래핀(twisted bi-layer graphene)의 강상관계 현상 관련 논문은 2018년에 처음 나왔다. 그래핀은 탄소로 이루어졌고 가볍다. 그런데 무거운 물질에서 나타나는, 즉 강상관계 물리학에서만 기대하는 물리 현상이 여기에서 나타났다. 그 원인이 무엇인지 많이 연구하고 있다. 양범정 교수는 "2장 겹치고 그걸 비튼 그래핀을 보니 시공간 반전 대칭성이 존재했다. 매우 특이한 위상 성질이 나타났다."라고 했다. 연구 결과를 학술지 《피지컬 리뷰 X(*Physical Review X*)》에 발표했다.

응집 물질 물리학 분야는 낯설고, 양범정 교수의 설명을 따라가기 쉽지 않았다. 그런데도 물질 물리학 세계를 접한 것은 흥미로운 경험

이었다. 다만, 읽는 이에게 내용을 전달하는 데 성공했는지는 자신하
지 못했다.

17장 양자 스핀 아이스와 쩔쩔맴의 양자 물리학

이성빈

카이스트 물리학과 교수

카이스트 물리학과의 이성빈 교수, 에너지가 넘친다. 학과 내 34명의 교수 중 유일한 여성이기도 하다. 양자 스핀 아이스(quantum spin ice)라는 물질의 연구자라고 듣고 대전 카이스트로 찾아갔다. 2019년 12월이었다. 이성빈 교수는 "양자 스핀 아이스 연구자 맞다. 하지만 양자 자성(quantum magnetism) 연구가 내 연구를 더 잘 표현한다."라고 말했다. 그의 실험실 이름은 '양자 자성 이론 실험실'이다.

이성빈 교수는 2016년부터 카이스트에서 일하기 시작했다. 응집물질 물리학 분야에 뭐가 있는지도 모르는 나에게 몇 사람이 이성빈 교수 취재를 권했다. 한 물리학자는 "양자 스핀 아이스라는 물질이 있다. 스핀 아이스는 자성 물질인데, 전자의 스핀이 얼음처럼 거동한다."라고 이야기해 줬다. IBS 단장으로 일하는 한 연구자는 이성빈 교수를 활발히 연구하는 젊은 학자라고 표현했다.

이성빈 교수는 대구 혜화 여자 고등학교를 졸업하고 2003년에 일

17장 양자 스핀 아이스와 쩔쩔맴의 양자 물리학

본 도쿄 공업 대학교로 유학을 갔다. 1998년 김대중 대통령과 일본 총리가 만든 한일 공동 이공계 학부 유학 프로그램 덕분에 일본에서 국비 장학생으로 공부할 수 있었다. 우수한 한국 고등학생이 일본 국립 대학교에서 공부할 수 있도록 하는 것이 프로그램의 취지였다. 이성빈 교수는 당시 선발된 90여 명의 고교생 중 1명이었다. 한국에서 6개월, 일본 대학에서 6개월을 연수하고 도쿄 공업 대학교 물리학과에서 공부를 시작했다. 도쿄 공업 대학교라는 이름이 낯설다. 이성빈 교수는 "도쿄 공업 대학교는 개교 100년이 넘었다. 미국 MIT나 한국 카이스트와 같다고 보면 된다."라고 했다.

물리학과 4학년 때 오시카와 마사키(押川正毅) 교수 실험실에 들어갔다. 오시카와 교수는 전자의 스핀 등 응집 물질 물리학 이론을 연구했다. 이성빈 당시 학생은 이곳에서 그래핀이라는 물질을 연구했다. 그래핀은 연필심으로 사용되는 흑연을 얇게 떼 낸 것이다. 흑연은 탄소로 되어 있으므로, 그래핀은 2차원 탄소 물질인 셈이다. 그래핀의 놀라운 성질은 당시 막 알려졌고, 이성빈 교수는 그래핀을 무작위로 잘랐을 때 바닥 상태 에너지, 즉 영점 에너지(zero-point energy)가 어떻게 되는지를 연구했다.

이성빈 학생은 성적이 좋아 남들보다 1학기 조기 졸업을 했다. 3년 6개월의 학업을 마치고 미국 캘리포니아 대학교 샌타바버라 캠퍼스로 박사 공부를 하러 갔다. 양자 스핀 아이스를 연구하게 된 것은 지도 교수인 리언 발렌츠(Leon Balents) 때문이다. 발렌츠 교수는 양자 요동(quantum fluctuation)이 일어나면 양자 스핀 아이스라는 물질 상태가 만들어질 수 있다는 점을 2003년에 이론으로 처음 보인 바 있다. 같은 학과인 매슈 피셔(Matthew Fisher) 교수와의 공동 작업이 낳은 성과다. 이성빈 박사 과정 학생이 로스앤젤레스에서 북서쪽으로 60~70 킬로미터 떨어진 태평양 연안의 이 도시에 도착한 것은 두 사람 논문이 나오고 3년이 지난 2006년이었다. 캘리포니아 대학교 샌타바버라 캠퍼스가 낯설어 인터넷 사전 위키피디아를 찾아보니 이런 설명이 있다. "2019년 현재 이 대학의 교수진은 1998년 이래로 화학, 물리학, 경제학 분야에서 6개의 노벨상을 수상했다. 퍼블릭 아이비리그에 속하는 세계적인 명문 대학이다." (퍼블릭 아이비리그란 공립 대학의 학비로 아이비리그에 속하는 학비 비싼 사립 대학 수준의 교육 경험을 제공하는 미국 대학들을 말한다.)

양자 스핀 아이스는 양자 스핀 액체(quantum spin liquid)라는 물질 그룹에 속하는 물질 상태라고 했다. 양자 스핀 아이스니, 양자 스핀 액체니 하는 게 응집 물질 물리학의 전체 그림 속에서 어떤 위치를 차지하는지가 궁금했다.

이성빈 교수에 따르면, 물질은 크게 딱딱한 응집 물질과, 결정을 이루지 않는 연성 물질(soft matter)로 나눠 볼 수 있다. 연성 물질에는 물, 고분자 액체, 액정이 있다. 한국에서 연성 물질을 연구하는 큰 그룹은 IBS 첨단 연성 물질 연구단(단장 스티브 그래닉(Steve Granick))이 있다. 응집 물질 물리학 분야는 또 전자 간 상호 작용의 크기를 기준으로 둘로 나눌 수 있다. 강상관 전자계(strongly correlated electronic system)와 약상관 전자계(weakly correlated electronic system)다. 강상관 전자계에 속하는 분야가 양자 스핀 액체, 모트 절연체(mott insulator), 고온 초전도체, 다

강체(multiferroics, 강한 자기성과 강한 전기적 성질을 동시에 갖고 있는 물질), 스커미온, 무거운 페르미온이다. 약상관 전자계에 속하는 분야는 밴드 절연체, 반도체, 도체다. 약상관 전자계 연구 커뮤니티가 한국에서는 크다.

이성빈 교수의 연구실 이름은 양자 자성 이론 실험실인데, 양자 자성은 또 무엇일까? 양자 요동 현상이 매우 중요한 효과가 되어 나타나는 자석의 성질이 양자 자성이라고 했다. 양자 요동이란 아무것도 없는 진공에서 가상 입자(virtual particle) 쌍이 만들어져 아주 짧은 시간 존재하다 사라지는 현상을 가리킨다. 두 가상 입자의 에너지 크기는 같고 부호(+, -)는 다르기에 전체적으로 에너지 크기는 0이다. 그러니 생겼다가 사라져도 에너지 보존 법칙에 어긋나지 않는다. 아주 작은 미시 세계의 공간에서 양자 요동 현상이 나타난다고 물리학자들은 보고 있으며, 이것이 우주를 만들었다고 보는 게 주류 물리학계의 견해다. 이 양자 요동으로 인해 자성이 나타나는 경우가 있는데, 이게 양자 자성이다.

이성빈 교수는 양자 자성 분야의 하위 그룹으로 크게 세 가지를 말했다. ① 양자 스핀 액체 상태, ② 양자 자성과 자유 전자가 상호 작용하여 나타나는 곤도 효과(Kondo effect, 곤도 준(近藤淳)의 이름을 딴 효과) 분야, ③ 스핀 모멘트의 특이 정렬 상태 분야다. 내가 만났던 성균관 대학교 한정훈 교수의 연구 분야인 스커미온이 세 번째 그룹, 스핀 모멘트의 특이 정렬 상태 분야에 속한다. 이성빈 교수는 "양자 자성 분야 연구는 한국에 비해 상대적으로 외국에서 활발하다."라고 말했다.

양자 스핀 액체와 양자 스핀 아이스의 관계는 어떨까? 양자 스핀

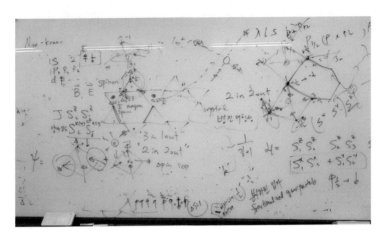

이성빈 교수의 설명이 끝난 뒤 화이트보드의 판서. 양자 스핀 액체와 양자 스핀 아이스에 대한 설명으로 칠판을 가득 채웠다.

액체는 매우 다양하며, 양자 스핀 아이스는 그중 하나다. 이를 이해하기 위해서는 이성빈 교수가 하는 양자 자성의 세계로 깊숙이 들어가야 한다.

이성빈 교수가 자리에서 일어나 연구실 칠판 앞에 섰다. 스핀의 쩔쩔맴 상태로 말을 시작해, 양자 스핀 액체와 양자 스핀 아이스로 설명을 이어 갔다. 화이트보드는 금방 양자 스핀 액체 현상이 나타나는 물질의 구조 그림과 원리로 가득 찼다. 설명을 마치고 자리에 앉기까지 30여 분은 족히 걸렸다.

첫 번째 쩔쩔맴 효과 설명을 들어 보자. 생각해 보니, 응집 물질 물리학자인 양범정 서울 대학교 교수를 만났을 때 쩔쩔맴에 관해 이야기를 들은 적이 있다.(16장 참조) 양범정 교수는 박사 학위 논문을 이 주제로 썼다고 했다. 이성빈 교수에 따르면 물질은 원자들이 빼곡한 구조이고, 이 구조를 2차원에서 보면 격자로 생각할 수 있다. 사각 격자가 반복해서 있고, 그 격자점에는 원자가 있는 것이다. 원자가 있는 곳은 전자가 있는 곳이기도 하다.

이성빈 교수 설명을 들어 본다. "원자 안에 있는 전자는 자유 전자처럼 이동은 하지 못하고 격자점에 고정되어 있으나, 이웃에 있는 전자들의 스핀과 상호 작용을 한다. 전자들의 상호 작용이 스핀이 모두 같은 방향으로 정렬하는 걸 선호할 수 있고 아닐 수도 있다. 스핀은 위(+1) 혹은 아래(-1) 상태 중 하나를 갖는다. 중간 상태는 없다. 스핀이 모두 한쪽 방향으로 정렬한다면 이게 강자성체다. 강자성체로 된 물체는 냉장고 문에 잘 붙는다. 이와 달리 격자 위의 스핀들이 한 방향을 가리키지 않고 위, 아래, 위, 아래로 방향이 달라지는 경우가 있다. 이 스핀 값을 전부 더하면 0이 되는데 이게 반강자성체다. 이런 경우의 물리학은 우리가 잘 이해하고 있다."

재밌는 것은 격자 모양이 다른 경우다. 사각형 격자가 아니고 카고메, 즉 삼각 격자는 상황이 다르다. 삼각 격자에서 전자들이 같은 스핀 방향을 선호한다면 문제가 없으나, 다른 방향을 선호한다면 당혹스러운 상황이 연출된다. 점 3개의 스핀들이 이웃한 점과 모두 다른 스핀 방향을 가질 방법이 없기 때문이다. 2개의 점이 위아래를 가리킬 경우에 세 번째 점은 위를 가리킬 수도, 아래를 가리킬 수도 없는 어정쩡한 상태가 된다. 세 번째 점이 어쩔 줄 모르게 되는 것이 쩔쩔맴 현상이고, 양범정 교수가 박사 과정 때 연구한 주제다. 여기까지는 양범정 교수로부터 들은 이야기다.

이성빈 교수 설명을 계속 들어 본다. "삼각형의 세 번째 꼭짓점에 놓인 전자의 스핀은 위 혹은 아래가 된다고 했다. 달리 말하면 위와 아래를 동시에 가리키는 양자 중첩 상태가 된다. 그런데 보면, 양자 중첩이 꼭짓점의 한 곳에서 일어나는 게 아니라, 세 곳 모두에서 일어난다. 세 꼭짓점 모두 전자 스핀들이 쩔쩔매는 상태다. 또 하나의 삼각 격자에서 국한해 일어나는 일이 아니고 구조물 전체에서 일어나는 일이다. 구조에는 삼각 격자가 무수히 많다. 아보가드로수만큼 많다. 그러니 격자 구조 전체로 보면 한 전자의 스핀이 위도 되고 아래도 되는 양자 중첩 상태가 엄청나게 축퇴(縮退)되어 있다. (축퇴는 둘 이상의 물리 상태가 같은 에너지를 가지고 있는 상태를 가리킨다. 중성자별이 축퇴 물질로 이뤄진 물체다. 원자핵 주변에 있는 전자가 외부 힘에 짓눌려 원자핵 안으로 밀려 들어가 축퇴 상태가 되었고, 그 결과 양성자들이 중성자들로 바뀌었다.) 양자 세계에서는 이런 중첩 상태를 허용한다. 이 상태에서는 절대 영도, 즉 0켈빈까지 냉각시켜도 스핀들이 어떠한 방향으로도 정렬하지 않는다. 이러한 물질을 양자 스핀 액체라고 한다."

양자 스핀 액체의 하위 분류에 들어간다는 양자 스핀 아이스는 또 무엇일까? 양자 스핀 아이스 상태를 이해하기 위해서 이제 2차원 삼각형 격자가 아니라 3차원 정사면체로 시선을 옮겨 보자. 양자 스핀 아이스는 정사면체 구조에서 나타난다. 정사면체는 정삼각형 4개로 된 구조다. 앞에서 2차원 삼각형 1개를 보면 스핀 방향을 정하지 못해 쩔쩔매는 구조가 출현한다. 정삼각형 4개가 붙어 있는 정사면

17장 양자 스핀 아이스와 쩔쩔맴의 양자 물리학

체 구조에서는 쩔쩔맴 상태가 훨씬 더 많아진다. 삼각형 1개가 아니라 삼각형 4개가 되다 보니 중첩되어 있는 경우의 수가 상상할 수 없을 정도로 많아진다.

물질의 에너지가 가장 낮은 것을 바닥 상태라고 한다. 꼭짓점 4개를 가진 정사면체 구조가 바닥 상태가 되려면 꼭짓점 4개에 있는 전자 스핀 값의 합이 0이어야 한다. 즉 위를 가리키는 전자와 아래를 가리키는 전자의 수가 같아야 한다. 위를 가리키는 전자 2개와 아래를 가리키는 전자 2개가 있으면 스핀 값이 0이다. 정사면체는 스핀 값의 합을 0으로 만들기 위해 쩔쩔맴 상태에 있게 된다.

정사면체의 꼭짓점 스핀들이 가리키는 방향을 본다. 스핀 4개 중 2개는 사면체 밖으로, 다른 2개 스핀은 사면체 안으로 향해 있다. 이성빈 교수는 이러한 구조를 "2 in, 2 out"이라고 표현했다. 정사면체 구조에서 스핀 방향이 2개가 들어가고 2개는 나오면 에너지는 바닥 상태가 된다. 그런데 어떤 꼭짓점의 전자 스핀이 안으로 혹은 밖으로 향하는지는 결정되어 있지 않다. 또 하나의 꼭짓점의 경우, 방향이 $x, y,$ z축 해서 3개다. 그러니 각 꼭짓점의 3차원 세 가지 방향인 x축, y축, z축에서 모두 이런 양자 중첩이 일어나는 것을 감안해야 한다.

결국 무수히 많은 2 in, 2 out 구조가 중첩되어 있고, 또 옆에 있는 스핀들과 얽힌 상태가 된다. 양자 중첩과 양자 얽힘이라는 양자 세계의 물리 현상이 바닥 상태를 이루게 된다. 그리고 외부에서 에너지를 받아들이면 들뜬 상태가 되는데, 이런 들뜬 상태는 분수(fractional) 양자 수(quantum number)를 가지는 준입자로 설명되는 이상한 현상이라고 이성빈 교수는 설명했다. 이를 양자 스핀 아이스 상태라고 했다. 이해가 쉽지 않았다.

이성빈 교수는 이어 역사적으로 양자 스핀 아이스란 이름이 붙은 배경을 설명했다. "스핀 아이스 상태의 스핀 4개를 보면 그 배치된 모양이 물이 얼어붙었을 때 수소 원자와 산소 원자가 배열된 모양과 같다. 얼음 결정을 보면, 1개의 산소 원자 인근에 수소 원자 4개가 가까이 있는 것처럼 보인다. 원래 물 분자(H_2O)는 수소 원자 둘과 산소 원자 하나로 되어 있으나, 옆에 있는 물 분자를 이루는 수소 원자 2개가 가까이 있어 4개로 보인다. 이때 이들이 이루는 구조가 사면체다. 그런데 산소 원자를 중심으로 놓고 보면 수소 2개는 상대적으로 가깝고, 다른 수소 2개는 멀다. 가까운 수소 원자 2개를 사면체 안으로 '들어간다.'라고 보고, 먼 수소 2개를 '나간다.'라고 생각한다. 그러면 스핀 아이스 상태가 이루는 스핀 구조와 얼음 구조가 정확히 똑같다. 얼음 구조와 같다고 해서 '2 in, 2 out' 구조에 양자 스핀 얼음이라는 이름이 붙었다." 얼음과 실제로는 상관없다.

양자 스핀 아이스 성질은 주기율표 58번과 70번 사이에 있는 희토류 입자가 들어간 물질에서 나타난다. 지르코늄(Zr)에 프라세오디뮴(Pr), 세륨(Ce)이 들어가 있는 $Pr_2Zr_2O_7$, $Ce_2Zr_2O_7$이 대표적인 양자 스핀 아이스 물질이다. 이 물질은 3개 원소가 각각 2개, 2개, 7개인 구조이며 희토류 파이로클로어(pyrochlore) 산화물이라고 한다.

양자 스핀 액체 물질의 연구는 양자 컴퓨터와 연결되어 있다. 양자 컴퓨터는 어떤 양자계가 서로 긴밀히 연결되어 있는 양자 얽힘이라는 현상을 이용한다. 양자 얽힘의 극대화 버전이 양자 스핀 액체라고 했다.

그러면 이성빈 교수는 이 분야에서 무엇을 연구한 것일까? 그는 박사 과정 때는 양자 스핀 액체상의 특이점을 연구했다. 포괄적으로 말하면 쩔쩔맴이 있을 때의 양자 스핀을 연구했다. 내가 설명을 이해하지 못해 쩔쩔매자 이성빈 교수는 "스핀 아이스 관련해서만 말하면, 희토류 이온에 선자를 짝수로 가지는 비(非)크라머르스 이온(non-kramers ion)이라고 있다. 이 이온에 대해 대칭성을 이용한 모형 구축을 하고 양자 스핀 아이스에서 어떤 양자 상태의 상전이가 있을 수 있는가를 처음으로 연구했다."라고 설명했다.

2012년 미국 캘리포니아 대학교 샌타바버라 캠퍼스를 졸업하고, 캐나다 토론토 대학교의 김용백 교수에게로 갔다. 그리고 2014년까지 박사 후 연구원으로 연구했다. 자성도 연구했고, 위상 상(topological phase) 연구도 했다. 그리고 위상 상과 자성이 만났을 때 어떤 양자 상태가 나올 수 있는지를 연구했다. 그 후 캘리포니아 대학교 어바인 캠퍼스에서 1년 있다가 2016년 2월 카이스트 교수로 왔다.

교수로 일하면서는 위상 초전도체와 준결정 연구를 새롭게 하고 있다. 이성빈 교수는 "양자 자성 쪽에서 계속 연구해 새로운 양자 스핀 액체 상태를 모형화하고, 실험적으로 어떻게 구현할 수 있는지에 연구가 특화되어 있다."라고 말했다. 취재를 위해 만난 물리학자들의 연구는 쉬운 게 거의 없었다. 이성빈 교수의 연구 분야는 특히 더 어려웠다. 그만큼 최전선일 것이다.

18장 함께하면 달라지는
복잡계 물리학

김범준
성균관 대학교 물리학과 교수

성균관 대학교 물리학과 김범준 교수는 대중 과학서를 많이 썼다. 『내가 누구인지 뉴턴에게 물었다』(2021년), 『관계의 과학』(2019년), 『세상 물정의 물리학』(2015년) 등. 책들은 모두 베스트셀러를 기록했다. 그의 책들에는 '통계 물리학', '복잡계'라는 용어가 나온다. 2019년 12월 수원에 있는 성균관 대학교 자연 과학 대학 캠퍼스로 찾아가 그가 통계 물리학자인지 복잡계 물리학자인지, 통계 물리학과 복잡계 물리학의 차이는 무엇인지를 물었다.

김범준 교수는 "통계 물리학은 100년 이상 된 물리학의 한 연구 분야다. 연구 방법론 이름이기도 하다. 반면 복잡계 물리학은 통계 물리학이라는 방법론을 이용해서 하는 연구 대상을 가리킨다. 크게 이목을 끌기 시작한 지 20년쯤 됐다."라고 말했다. 루트비히 볼츠만(Ludwig Boltzmann)과 같은 물리학자는 통계적인 방법을 사용, 열역학 제2법칙과 엔트로피의 이론적 근거를 알아내려 했다. 열역학 제2법칙은 외부에서 새롭게 열이 들어오거나 외부로 열이 빠져나가지 않는, 닫힌 계에서는 시간이 갈수록 엔트로피가 늘어난다고 말한다.

그에게 열역학 연구는 이미 오래전에 완성되지 않았느냐고 묻자 이런 대답이 돌아왔다. "끝났다고 생각했다. 그런데 그렇지 않았다. 열역학 제2법칙이 가정하는 것이 있다. 입자가 많고, 전체 계가 평형 상태라고 본다. 오늘날 통계 물리학자는 이 전통적인 가정과 다른 상태에 관심을 갖고 있다. 즉 입자 수가 적고, 평형 상태가 아닌 비평형 상태인 계를 연구한다. 이런 계에서 열역학 제2법칙과 엔트로피에 대해 무슨 이야기를 할 수 있을까 생각한다."

김범준 교수에게 통계 물리학자와 복잡계 물리학자 중에서 어느 쪽에 속하는지를 다시 물었다. 그는 복잡계 물리학자에 더 가깝다고 답했다. 복잡계는 구성 요소가 많은 계이고, 구성 요소들이 강하게 상호 작용할 때 전체가 보여 주는 통계적인 패턴을 보려고 하는 것이 복잡계 물리학자의 일이다. 복잡계 물리학을 설명하는 표현에 전체를 보는 방법이 있고, 이를 제목으로 한 책도 나와 있다. 이 같은 시선이 복잡계 물리학자의 접근법이라고 생각됐다.

입자 물리학은 우주를 이해하려면 부분을 알아야 한다고 본다. 입자 물리학자는 우주를 이루는 최소 단위를 알기 위해 원자와 아원자 입자의 세계를 들여다본다. 이런 연구를 하는 도구 중 하나가 스위스 제네바의 대형 강입자 충돌기다. 전체를 알기 위해서는 부분으로 조각조각 쪼개 봐야 한다는 접근법이며, 이를 환원주의(reductionism)라고 한다. 우주를 알기 위해 원자를, 생명을 이해하기 위해 분자를, 인간 행동의 기원을 알기 위해 유전자를 파고드는 게 환원주의 접근법이다.

반면 복잡계 물리학자는 쪼개고 쪼개도 전체를 알 수 없다고 말한다. 환원주의에 바탕을 둔 연구는 큰 성과를 거뒀지만 당초 기대했던 목표 지점으로 우리를 데려가지는 못했다. 부분들의 합은 전체가 아니었다. 부분이 모이면 새롭게 나타나는 현상이 있다. 이것을 알기 위해서 복잡계 물리학자는 전체를 보려고 한다. 예컨대 열역학 물리학자가 관심 있는 것 중 하나가 기체 온도다. 온도는 원자가 많이 모이고, 상호 작용하는 상황에서 나타나는 전혀 새로운 특징이다. 그렇기에 기체를 이루는 원자만 봐서는 온도를 알 수 없다. 이렇게 부분이 모여 자기 조직화(self-organization)를 이루며 새로운 현상이 나타나는 것을 창발(emergence)이라고 한다.

"More is different.", 즉 "많으면 다르다."라는 말이 있다. 복잡계 물리학을 표현하는 유명한 문장이다. 노벨 물리학상 수상자인 미국 물리학자 필립 앤더슨(Philip Anderson)이 1972년에 한 말이다. 김범준 교수는 『관계의 과학』 책 앞부분에서 "함께하면 달라진다."라는 문장을 써 놓았다. "많으면 다르다."라는 필립 앤더슨의 글과 맥락이 비슷하다.

그는 복잡계 물리학의 전체 풍경에 관해 이렇게 설명했다. "전통적인 물리계가 아닌 그 밖의 것을 다룬다. 통계 물리학 관점으로 이해하려고 한다. 경제 현상을 보는 사람도 있는데 이 분야를 경제 물리학이라고 한다. 내가 관심 있는 것은 사회 현상이다. 사회 현상을 물리학 관점으로 보겠다는 시도다. 이건 사회 물리학이다."

한국의 복잡계 학계는 어떻게 될까? "통계 물리학 커뮤니티가 크지 않다. 교수가 100명도 안 된다. 활발하게 하는 사람이 40~50명 될까? 복잡계는 통계 물리학에서도 그 일부다. 그러니 더 작다. 한국 복잡계 커뮤니티는 부끄러울 정도로 규모가 작다."

미국에는 샌타페이 연구소라는 세계적인 복잡계 연구 기관이 있다. 이곳에는 물리학자 외에 경제학자도 일한다. 주류 경제학자도 복잡계 시선으로 경제학을 연구하기에 복잡계 경제학이 상당히 큰 역할을 한다. 한국에는 복잡계 경제학자가 거의 없다. 김범준 교수는 "물리학이 복잡계를 중요한 분야로 받아들인 반면, 다른 학문 분야는 안타깝게도 복잡계에 무관심하다."라고 말했다. 일부 아시아 국가에서는 복잡계 연구가 활발하다. 싱가포르의 명문 난양 공과 대학교가 얼마 전 큰 복잡계 연구소를 만들었다. 김범준 교수는 중국의 복잡계 학회 행사에 가 본 적이 있다. 학회에 중국 복잡계 연구자 500~600명이 참석했다. 매우 큰 숫자다.

복잡계 물리학의 출발점은 언제일까? 1999년 복잡한 연결망 관련 중요한 논문을 2개의 연구 그룹에서 한 편씩 내놨다. 스티븐 스트로가츠(Steven Strogatz)와, 앨버트 바라바시(Albert Barabasi)가 복잡계 연결망 이론이라는 연구 분야를 새롭게 열었다. 스트로가츠와 바라바시 이름을 듣자 반가웠다. 이들이 쓴 책을 읽은 적이 있다. 스트로가츠의 『미적분의 힘(*Infinite Powers*)』(이충호 옮김, 2021년), 『동시성의 과학, 싱크(*Sync*)』(조현욱 옮김, 2005년), 바라바시의 『링크(*Linked*)』(강병남, 김기훈 옮김,

2002년)라는 책이다. 『링크』의 표지를 보니 연결망, 즉 네트워크 과학에 관한 설명이 있다. "네트워크가 왜 과학의 대상이 되었는가? 박테리아부터 국제적 거대 기업에 이르기까지 모든 네트워크의 구조와 진화가 한 혁명적 과학자 덕분에 세상에 나타났다." 설명이 명쾌하다. 출판사가 홍보 카피를 잘 뽑았다.

김범준 교수는 "복잡한 연결망에서는 구성 요소의 같고 다름은 중요하지 않다. 연결이 중요하다. 이들이 연결되어 있는 구조만 봐도 알아낼 수 있는 게 많다."라고 말했다. 그는 20세기 말에서 복잡계 연결망 이론이 나온 것과 관련해 "수학에 그래프 이론이라는 게 있다. 18세기 스위스 수학자인 레온하르트 오일러(Leonhard Euler)가 오늘날 연결망에 대한 사고의 기초라고 할 수 있는 연구를 했다."라고 말했다. 그런데 『링크』를 쓴 바라바시는 이런 이론이 수학에 있는지 몰랐던 듯하다. 복잡한 연결망 연구 결과를 내놓으면서 수학의 그래프 이론에 사용된 용어와는 다른 용어를 썼다. 연결망과 연결선을 노드와 링크로 표현했다. 복잡계 연구를 하는 학문 분야에 경제학 외에 또 무엇이 있느냐고 물었다. "생태학도 복잡계로 연구한다. 호수의 생태계를 보자. 전에는 먹이 사슬이라는 단선적인 구조로 봤지만 호수를 복잡계로 보면 얻을 게 많다. 또 사회학에서는 사회 연결망을 기준으로 사람들이 어떻게 연결되어 있는지 본다. 국제 정치도 복잡계로 볼 수 있다."

물리학이 보는 사회 현상과, 사회학이 보는 사회 현상은 어떻게 다를까? 사회학에서 정량적 연구자는 복잡계 물리학자에 호의적이며,

18장 함께하면 달라지는 복잡계 물리학

정성적인 연구자는 복잡계 물리학자의 접근에 거부감을 보인다. 한국 복잡계 학회는 17년쯤 전에 사회학자가 설립을 주도했다. 연세 대학교 총장으로 일한 적 있는 김용학 사회학과 교수가 복잡계 학회 초대 회장이다. 한국 복잡계 학회는 출범 후 다양한 그룹이 모였는데 지금은 물리학자가 주도한다. 다른 분야 학자는 복잡계 학회 모임에 잘 보이지 않는다. 무슨 일이 일어난 것일까? 다른 분야 연구자는 복잡계에서 얻어갈 게 없다고 생각하는 것일까?

김범준 교수는 "한국에서는 융합 연구, 학제 간 연구가 잘 안 된다. 그 이유는 모른다."라고 말했다. 사회학 쪽에서 '물리학 제국주의'라는 이야기를 한다. 사회 현상을 물리학자가 연구하는 데 대한 거부감을 보이는 것이다. '생물학 제국주의'라는 용어를 나는 접한 적이 있다. 미국 하버드 대학교 생물학자 에드워드 윌슨(Edward O. Wilson)이 저서 『통섭(Consilience)』(최재천, 장대익 옮김, 2005년)에서 학문 간 담을 허물고 공동 연구를 하자고 제안한 바 있는데 이에 대해 사회 과학 진영의 일부 학자가 "생물학이 다른 학문 쪽으로 연구 범위를 확장하려고 한다. 생물학의 우산 아래 다른 학문을 줄 세우려고 한다."라며 반발했다.

김범준 교수는 복잡계 물리학이 앞으로 중요해질 것이라 전망했다. 문제는 학문 간의 벽이다. 복잡계 물리학자를 뽑는 한국 대학이 없다. 통계 물리학 혹은 응집 물질 물리학이라는 탈을 쓰고 교수로 취업해야 한다.

김범준 교수에게 복잡계 물리학자로서 품고 있는 질문이 무엇인지 물었다. "큰 질문을 하지 못하는 것이 나의 개인적인 성향이다. 이 것만은 풀고 싶다는 것이 없다. 그때그때 관심 있는 것을 한다." 그에게 그간 해 온 연구 주제를 크게 어떻게 나눌 수 있는지 묻자 ① 상전이와 임계 현상 연구, ② 때맞음(synchronization) 혹은 동기화, ③ 복잡한 연결망 세 가지를 들었다.

상전이는 물질의 상이 바뀌는 것을 가리킨다. 예컨대 물은 고체, 액체, 기체라는 세 가지 상태, 즉 상을 가지고 있다. 상전이는 한 상태에서 다른 상태로 바뀌는 것이다. 상전이와 임계 현상 연구는 복잡계 물리학이 아니라 통계 물리학의 영역이다. 그는 서울 대학교에서 이 주제로 박사 논문을 썼다. 서울 대학교 최무영 교수가 지도한 1997년도 박사 논문 제목이 「초전도 배열에서의 양자 요동과 무질서의 효과 (Quantum fluctuations and disorder in superconducting arrays)」이다. 최무영 교수는 과학에 관심 있는 일반인에게는 『최무영 교수의 물리학 강의』(2008년) 라는 책으로 기억된다.

김범준 교수의 박사 논문 제목을 보면 초전도 배열이라는 말이 들어가 있어 응집 물질 물리학 연구로 보이지만 연구 방법은 통계 물리학이다. 김범준 교수는 박사 논문 내용에 관해 "초전도의 상이 변수에 따라 어떻게 바뀌는지를 보여 주는 그림(diagram)을 그렸다. 온도 변수와 다른 변수인데, 그 다른 변수는 초전도체의 축전 용량의 비라고만 말하겠다. 이 두 가지 변수를 달리했을 때 어디에서는 전기 저항이 있고, 어느 지역에서는 전기 저항이 사라져 초전도성이 출현하는지를 조사했다."라고 말했다. 다시 말해 연구 방법은 통계 물리학, 연

18장 함께하면 달라지는 복잡계 물리학

구 대상은 초전도 배열이라는 응집 물질 물리학 분야였다. 김범준 교수 은사인 최무영 교수는 통계 물리학과 응집 물질 물리학 경계 지역을 연구한다.

김범준 교수가 복잡계 연구자로 변신한 것은 박사가 된 뒤 스웨덴에 갔을 때다. 스웨덴 북부 도시 우메오에 있는 우메오 대학교에서 박사 후 연구원으로 2년, 조교수로 2년을 일하면서 복잡계 연구자가 됐다. "나는 지금 성균관 대학교에서 저널 클럽이라는 걸 한다. 스웨덴에서도 저널 클럽을 했다. 한 사람이 최근 학술지에 발표된 논문을 읽고 다른 연구자들에게 소개하는 게 모임 목적이다. 우메오에 있을 스트로가츠와 던컨 와츠(Duncan Watts)의 1998년《네이처》논문인 「작은 세계 연결망(Small world network)」을 읽었다. 작은 세계 연결망은 사회적 관계를 맺고 있는 두 사람이 몇 단계를 건너면 서로 아는 사이인지를 수학 모형을 통해 설명했다. 논문이 재밌었다. 그래서 박사 후 연구원 이후 조교수 시절에 복잡계 관련 스터디 그룹을 만들었다. 그러면서 이 분야 연구를 본격적으로 시작했다."

김 교수는 이때부터 논문을 쓰면 학술지《피지컬 리뷰 E(Physical Review E)》에 보내기 시작했다.《피지컬 리뷰 E》는 주로 통계 물리학 분야의 논문을 싣지만 복잡계 물리학 연구 논문도 게재한다. 그 전에는《피지컬 리뷰 B》에 논문을 보냈는데 이 학술지는 응집 물질 물리학 연구를 게재한다.《피지컬 리뷰》는 미국 물리학회가 발행하며, 연구 분야에 따라 A, B, C, D, E라는 영어 알파벳을 붙인다.

김범준 교수가 복잡계 연구 초기에 다뤘던 연구 주제는 연결망이다. 2000년대 초반에 그는 연결망의 구조가 외부 영향에 얼마나 강하게 버틸 수 있는지 연구했다. 스웨덴에서 했던 연구가 가장 많이 인용됐다. 김범준 교수가 구글에서 학술 자료를 검색해 보여 줬다. 「복잡한 연결망의 공격 취약성(Attack vulnerability of complex networks)」이라는 논문은 2002년 《피지컬 리뷰 E》에 실렸다.

그는 "당시 연결망 연구를 열심히 했다."라며 「클러스터링을 조절할 수 있는 척도 없는 연결망 모형(Growing scale-free networks with tunable clustering)」이라는 논문도 2002년에 썼다고 했다. 스웨덴 박사 후 연구원과 함께한 이 연구 결과에는 "홀메-김(Holme-Kim) 모형"이라는 이름이 붙어 있다. 김범준 교수는 "현재는 연결망 연구가 물리학을 넘어 다른 분야에 큰 영향을 미치고 있다."라고 말했다.

또 다른 연구는 '때맞음'에 관한 연구다. 수영 경기 종목에 '싱크로'가 있다. 두 사람 이상의 선수가 동작을 같이한다. 때를 맞춰 동작을 하기에 싱크로다. 싱크로, 즉 때맞음 혹은 동시성은 복잡계 물리학의 흥미로운 대상이다. 『동시성의 과학, 싱크』가 바로 이 주제를 다룬다. 숲속의 반딧불이들이 왜 때를 맞춰 반짝이는지, 또 머릿속의 뇌파는 왜 동조하는지를 다룬다. 스트로가츠는 그의 책에서 혼돈스러운 자연과 일상에서 어떻게 질서가 발생하는가를 다룬다. 같은 기숙사에 사는 여학생들의 월경 주기가 비슷해진다는 내용도 기억난다. 이 이야기를 했더니 김범준 교수는 "최근 연구는 그렇지 않다는 걸 보여 준다."라고 말했다. 김 교수 말을 듣고 자료를 찾아보니 2006년 학술지 《휴먼 네이처(Human Nature)》에 실린 논문 「여자는 월경 주기를 동

18장 함께하면 달라지는 복잡계 물리학

시화하지 않는다(Women do not synchronize their menstrual cycles)」가 있다. 저자는 캘리포니아 대학교 데이비스 캠퍼스의 제프리 섕크(Jeffrey C. Schank) 교수다.

때맞음과 관련한 근래 연구로 김 교수는 박자 맞추기를 2개 언급했다. 아마추어들끼리 같이 노래를 하면 박자가 왜 빨라질까 하는 문제가 그중 하나다. 사람들이 영향을 주고받으면서 때맞음을 보이면 왜 박자가 빨라질까를 알기 위해 컴퓨터 모형을 만들어 살폈다. 그런 뒤 강의를 듣는 학생 40~50명을 대상으로 과연 속도가 빨라지는지 관찰했다. 이 실험을 위해 스마트폰용 앱도 만들었다. 학생들은 이 앱을 열고 화면의 패드를 누르면 된다. 먼저 강의실에서 메트로놈이 왔다 갔다 하는 소리를 약 10초 들려준다. 그런 뒤 메트로놈 소리를 멈춘다. 이후 이 속도 간격대로 스마트폰 앱을 누르라고 했다. 학생들은 메트로놈 소리는 못 듣고, 대신 옆에 있는 다른 학생이 자신의 스마트폰을 누를 때 나는 소리는 듣는다. 시간이 갈수록 학생들의 패드를 누르는 동작 사이에서 때맞음 현상이 나타났고, 패드를 누르는 주기는 짧아졌다. 연구 결과는 2020년 학술지《사이언티픽 리포츠 (Scientific Reports)》에 게재됐다.

『관계의 과학』에는 복잡계 물리학과 함께 사회 현상에 대한 개인적인 생각을 많이 넣었다. 김범준 교수는 "복잡계 과학의 관점으로 내 주변을 살펴봤다. 전작인『세상 물정의 물리학』은 내 연구 결과를 담았다는 면에서 두 책은 조금 다르다."라고 말했다.

김범준 교수는 "인간이 지성을 가지고 할 수 있는 가장 아름다운

일 중 하나를 들라면 물리학을 꼽겠다. 궁금한 게 있으면 그걸 알아내기 위해 사유를 가장 극한까지 밀어붙이려는 것이 물리학이다."라고 말했다.

4부

핵융합과 생명의 난제에 도전하는 물리학자들

19장 미래 에너지의 꿈, 핵융합 기술을 확보하라

유석재
한국 핵융합 에너지 연구원 원장

대전에 위치한 한국 핵융합 에너지 연구원에는 인공 태양 연구를 위한 거대한 연구 장치가 있다. 인공 태양 연구 장치의 이름은 KSTAR(Korea Superconducting Tokamak Advanced Research)이다. KSTAR는 태양에서 일어나는 핵융합 반응을 지상에서 재현하고, 이때 나오는 핵융합 에너지로 전기를 만들어 내는 데 필요한 기술 개발을 목표로 한다. 핵융합 발전소 운전에 필요한, 1억 도 이상에 달하는 초고온, 고밀도 플라스마를 만들고, 그것을 어떻게 하면 태양에서처럼 지속적으로 살려 놓을 수 있을지 연구한다. 2050년대 핵융합 발전이 정부의 목표다.

유석재 박사는 정부가 세운 핵융합 에너지 연구 기관을 2018년부터 이끌고 있다. 그는 플라스마 물리학 박사다. 나는 그간 유 박사와 한 번 만나고, 두 번 전화 통화를 했다. 처음 만난 것은 2018년 8월이었다. 대전에 가서 얼굴을 보고 그로부터 연구소의 핵융합 발전을 향한 분투와 관련한 이야기를 들었다. 3년이 지난 2021년 11월에는 긴 통화를 했다. 해외의 경우 핵융합 발전 분야에 민간 기업이 대거 진출하고 있다는 해외 언론 보도가 나오고 있던 게 계기였다. 관련 업계에서 무슨 일이 일어나는지 궁금해서 전화했다가 1시간 30분 이상 전화를 붙잡고 유 원장의 친절한 설명을 들었다.

그사이 유석재 박사가 이끄는 기관의 법적 지위에 변화가 있었다. 3년 전에는 '국가 핵융합 연구소'였고, 2020년 11월부터는 '한국 핵융합 에너지 연구원'이란 이름으로 바뀌었다. 국가 핵융합 연구소는 한국 기초 과학 지원 연구원(KBSI)이라는 정부 출연 연구소의 부설 연구소였으나, 지금은 독립적인 정부 출연 연구 기관으로 법적 지위가 격상됐다.

유석재 박사는 한국 핵융합 에너지 연구원의 초대 원장을 맡았다. 3년 임기다. 그를 만났을 때나 첫 번째 통화했을 때는 한국 핵융합 에너지 연구원의 임무와 관련한 얘기만을 들었다. 유석재 원장이 어떤 사람인지, 어떤 연구자인지 잘 몰랐다. 이번 책에 그를 소개하기로 하고 보니, 개인적인 이야기를 물어봐야 했다. 나는 서울에 있고, 빨리 원고를 써야 했기에 대전에 있는 그에게 전화를 걸었다.

유석재 박사는 서울 대학교 원자핵 공학과 80학번이다. 동기생은 약 25명이었다. 원자핵 공학과 학과 수업은 핵물리학을 포함해서 핵분열 관련 교과목 위주로 편성되어 있었다. 핵분열 반응을 이용한 발전 시설이 원자력 발전이다. 원자핵 공학과 동기생 대부분은 핵분열을 공부했고, 핵융합을 공부한 것은 그와 다른 1명 포함해서 2명뿐이었다. 그는 핵융합 쪽을 선택한 이유에 대해 "핵융합이 좀 더 미래에는 필요하고, 중요하다고 생각했다."라고 말했다. 학부 2학년 때부터 핵융합 쪽으로 방향을 잡았다. 그는 전자기학과 같은 핵융합 연구자에게 필요한 과목을 찾아 공부했다.

"핵분열 쪽은 전자기학을 공부할 필요가 상대적으로 적다. 반면에 핵융합을 공부하는 사람은 전자기학이 절대적으로 필요하다. 핵융합을 위해서는 물질을 플라스마 상태로 만들어야 한다. 플라스마는 원자를 이루는 원자핵과 전자가 분리되어 모여 있는 상태다. 원자에서 전자를 하나라도 떼어 내면 나머지는 양의 전기를 띤다. 이런 걸 이온이라고 한다. 이온과 전자를 제어해야 하는데, 이때 사용하는 게 자기장이다. 자기장을 잘 다루기 위해서는 전기 현상과 자기 현상에 대한 이해가 있어야 한다. 그래서 전자기학을 공부해야 했다."

유석재 박사는 서울 대학교에서 석사까지 하고 1990년 독일로 박사 학위 공부를 하러 갔다. 독일로 간 이유에 대해 그는 "아내가 작곡을 공부하러 가니까 겸사겸사해서……."라고 말했다. 서부 독일의 라인 강변 도시 칼스루에에서 플라스마 물리학을 공부했다. 적을 두고 공부한 곳은 당시 독일의 원자력 연구소인 칼스루에 연구소(Forschungszentrum Karlsruhe)였고, 그곳에는 'KALIF(Karlsruhe Light Ion Facility, 칼루스에 광 이온 연구 시설)'라는 이름의 핵융합 연구 장치가 있었다. 연구소는 나중에 칼스루에 대학교와 통합됐고, 이후 칼스루에 공과 대학교(KIT)라는 새로운 이름을 갖게 됐다. 지도 교수는 한스요아힘 블룸(Hans-Joachim Bluhm). 1997년에 박사 학위를 받았다. 박사 공부 내용을 물어봤다. 유석재 박사는 "플라스마 특성을 분광학적으로 측정하고 그 특성은 무엇인지 해석했다."라며 다음과 같이 설명을 덧붙였다.

"천문학자들은 별을 분광학적으로 보고 그 별 안에 무슨 원소들이 있다는 걸 알아낸다. 탄소가 많다, 헬륨이 많다, 저거는 죽어 간다, 이거는 새로 태어난 거다 하고 말한다. 특성 스펙트럼이라고 하는, 원소들이 내는 특별한 빛을 보고 별의 특성을 이해한다. 그렇듯이 우리 플라스마 물리학자는 플라스마를 만들었을 때 플라스마들이 어떤 특성을 갖고 있는지를 알아내고자 한다. 밀도는 어떤지, 온도는 어느 정도인지, 어떤 불순물들이 섞여 있는지 그런 것들을 분석한다."

그에게 좀 더 구체적으로 설명해 달라고 주문했다. 그는 "레이저 빔 대신에 이온 빔을 사용하는, 관성 핵융합 연구에 적용할 이온 빔을 인출하기 위한 이온 소스를 만든다. 일단 이온을 뽑아내야 하고 뽑아낸 이온을 빔 형태로 만들어서 핵융합 표적에 쏜다. 이온을 뽑아내기 위해서 그전에 플라스마를 만들어야 한다. 플라스마가 굉장히 안정적으로 만들어져야 질 좋은 이온 빔을 만들 수 있다. 그러니까 질 좋은 이온 빔을 만들기 위해서는 플라스마를 잘 이해해야 하고, 그러기 위해서 플라스마 특성이 어떠하다 하는 걸 파악해야 한다. 또 그걸 위해 분광학적 방법을 통해서 플라스마의 특성을 이해하려고 했다."라고 말했다. 그때 연구한 것 중에 "내가 뭐 해낸 게 있다."라고 자랑할 만한 게 있으면 얘기해 달라고 다시 주문했다. 유석재 박사는 "이게 너무 전문적이다. 쉽게 표현하기가 어렵다."라고 답했다.

핵융합 발전은 핵융합 반응을 이용한다. 별에서 일어나는 핵융합 반응은 핵물리학자들이 연구했다고 알고 있다. 미국 핵물리학자 한스 베테(Hans Bethe), 독일 핵물리학자 카를 프리드리히 폰 바이츠제커(Carl Friedrich von Weizsäcker)가 20세기 중반 태양에서 일어나는 핵융합 반응을 알아낸 바 있다. 그렇다면 핵융합 발전도 플라스마 물리학자가 아니라, 핵물리학자의 연구 영역이 아닐까? 유석재 박사는 이에 대해 "그렇지 않다."라며 원자 물리학자, 핵물리학자와 입자 물리학자, 플라스마 물리학자의 연구 대상 차이를 다음과 같이 설명했다.

"원자는 원자핵이 있고, 주변 궤도에 전자가 잡혀 있는 구조다. 핵물리학자는 전자에는 관심이 없고, 원자핵에만 관심이 있다. 원자핵에는 양성자와 중성자가 들어 있고, 양성자와 중성자를 구성하는 건 쿼크라는 입자이다. 쿼크에 관심 있는 사람이 입자 물리학자다. 또 원자핵하고 궤도 전자가 붙어 있는 상태를 다루는 사람은 원자 물리학자다. 그리고 궤도 전자를 분리해 내 자유 전자로 만들면, 전자는 전자대로 원자핵은 원자핵대로 돌아다닌다. 자유로운 상태에서 전자와 원자핵은 자유로이 움직이나 일정한 공간 안에 있기에 상호 작용을 한다. 쿨롱 힘이 작용한다. 이런 상태를 플라스마라고 하고, 이런 걸 연구하는 사람을 플라스마 물리학자라고 한다. 그러니 핵물리학자 눈에는 원자핵만 들어오나, 플라스마 물리학자 눈에는 원자핵과 자유 전자가 같이 들어온다. 전자와 원자핵의 상호 작용을 계산하려면 굉장히 복잡한 계산이 된다. 그래서 플라스마 물리학자가 다루는 물리학 방정식을 '더러운 방정식(dirty equation)'이라고 부르기도 한다."

플라스마 물리학의 관심사는 무엇일까? 유석재 박사는 세 가지로 나눠 볼 수 있다고 말했다. 첫 번째는 자연과 우주 현상에 대한 이해, 두 번째는 플라스마의 산업 활용, 세 번째는 핵융합 에너지 개발이다. 플라스마 물리학은 처음에 번개를 연구했다. 미국 건국의 아버지 중 한 사람인 벤저민 프랭클린(Benjamin Franklin)이 연구한 번개가 자연에 있는 대표적인 플라스마다. 공기에는 산소와 질소가 많다. 이런 공기 분자에서 선자 1개가 떨어져 나가면, 산소와 질소 이온이 된다. 번개는 이 전자와 이온이 엉켜 있는 상태다.

북극 오로라도 플라스마 현상이다. 태양에서 고에너지 입자들이 지구를 향해서 날아오는데, 이를 태양풍이라고 한다. 태양풍은 지구의 자기장에 부딪히고 막힌다. 그러면서 북극이나 남극 쪽으로 빨려 들어간다. 이때 공기 속의 산소와 질소 분자와 부딪히면 일부 산소와 질소 분자가 이온으로 변한다. 또 일부 에너지가 빛으로 변한다. 그게 오로라다.

또 지구 공기층 바깥에는 태양에서 날아온 전기를 띤 입자들이 붙들려 있는, 밴앨런대(Van Allen Belt)라는 것이 있다. 양성자와 전자, 즉 플라스마가 지구 자기장에 붙들려 있는 것이다. 밴앨런대에는 아주 높은 에너지를 갖고 있는 입자들이 있어서, 그 지역을 지나는 인공 위성에 피해를 줄 수가 있다. 그리고 밴앨런대보다 지구에 가까운 외기권에는 전리층이라는 플라스마층이 있다. 희박한 공기 입자들이 태양 복사선에 의해 전리되어 생긴 것이다. 이 플라스마층 덕분에 한국에서 전파를 쏘면 지구 반대편 남아메리카에서도 받아 볼 수 있다. 그리고 가정에서 일상적으로 사용하는 형광등도 플라스마를 이용한 장치다.

플라스마 물리학의 두 번째 연구 영역은 실생활 응용이다. 유석재 박사는 "거의 모든 산업에서 직간접적으로 플라스마가 활용되고 있다."라고 말했다. 대표적인 게 반도체 칩을 만들 때다. 반도체 기판(웨이퍼)를 좀 더 촘촘하게 깎기 위해 플라스마를 쓴다. 코팅할 때도, 증착할 때도 사용한다. 반도체 칩 생산은 플라스마 산업이라고 말할 수도 있을 정도다. 반도체 칩을 만드는 데 100가지 공정이 들어간다고 하자. 그러면 이중 80개 공정은 플라스마를 활용한다. 유 원장은 "거의 모든 산업이 직간접적으로 플라스마 상태를 이용한다."라고 말했다.

스포츠 의류의 경우 천의 바깥쪽은 물이 흡수되지 않도록, 그리고 안쪽은 잘 흡수되도록 플라스마 처리를 한다. 비를 맞더라도 옷이 잘 젖지 않게 되고, 안쪽은 땀이 잘 흡수된다. 쓰레기 처리에도 플라스마 기술이 들어간다. 소각장에서 쓰레기를 태우면 대기 중으로 질소 화합물과 같은 환경 오염 물질이 배출되나, 고온의 플라스마로 분해하면 원자 상태로 환원되기 때문에 환경 오염 문제가 없다. 그리고 플라스마 연구의 세 번째 분야가 핵융합 에너지다. 이는 한국 핵융합 에너지 연구원이 하는 일이다.

유석재 박사는 독일 칼스루에 공과 대학교에서 박사 학위를 받고 한국에 돌아왔다. 사실 한국에 돌아올까 하고 망설였다. 1997년 초부터 유럽에서는 한국이 부도날지 모른다는 언론 보도가 있었다. 학위 논문을 쓰던 중에 수년 만에 한국에 와 봤다. 한국이 독일보다 더 잘사는 것처럼 보였다. 환율도 달러당 800원 선이었고, 너무 좋아 보였다. 독일 생활을 빨리 정리하고 돌아왔다. 그런데 귀국 직후 한국 분위기가 급랭했다. 1997년 말 한국은 IMF(국제 통화 기금)의 구제 금융을 받아야 했다. 외환 위기로 구조 조정이 진행됐고, 국가 핵융합 연구소도 예외가 아니었다. 정규직 직원이 되는 데 2년 이상이 걸렸다. 1999년 12월에야 정규직이 되었다.

유석재 박사는 "외환 위기가 나의 연구 인생에 많은 영향을 줬다." 라고 말했다. 당시 연구소에 있는 KSTAR에 대한 외부의 공격이 많았다. 몇천억이 들어가는 사업이라고 해서 "돈 먹는 하마"라는 비판이 일었고, 외부에서 KSTAR 사업을 흔들었다. 유석재 박사는 정부에 연구비를 전적으로 의존해서는 한국에서 핵융합을 연구하고 핵융합 발전을 실현한다는 게 어려울 것 같다는 생각을 하게 됐다. 마침 김대중 대통령의 국민의 정부는 벤처, IT, 특허, 기술 이전과 같은 키워드를 강조했다. 유석재 박사도 이에 영향을 받았다. 핵융합 발전 연구를 위한 연구비를 스스로 어느 정도 해결하자고 생각했다. 그런 뒤, 부족한 연구비를 정부로부터 지원받자는 구상이었다. 그때까지 그는 주로 핵융합 발전을 위한 플라스마 특성을 진단하는 쪽의 연구만 해 왔다. 이제 돈을 버는 쪽으로 관심을 돌렸다. '플라스마 기술 연구'를 해야겠다고 판단했다. 플라스마 물리학 분야의 두 번째 연구 영역이라고 유석재 박사가 소개한 바로 그것이다. 그는 한 동료와 같이 개발한 플라스마 기술로 국가 핵융합 연구소 제1호 특허를 2001년에 냈다. 그리고 기업 수탁 과제를 수행했다. 기업에서 연구비를 따서 연구했다는 뜻이다.

유석재 박사가 냈다는 플라스마 기술 특허는 어떤 것일까? 반도체 기판을 원하는 대로 정확히 깎는 기술이었다. 반도체는 들어가는 정보량이 늘어날수록 기판을 더 정밀하게 깎아야 한다. 세밀하게 깎는 기술이 필요하다. 플라스마를 식각(蝕刻)하는 법은 이런 식이다. 식각 기체가 갖고 있는 궤도 전자를 떼어 내 플라스마를 만들고, 플라스마에서 이온을 꺼내며, 이온으로 기판을 식각한다. 문제는 깎아야 하는 도랑이 수직으로 잘 안 파진다는 것이다. 수직이 아니라 너구리 굴처럼 안쪽으로 넓게 파진다. 이온이 도랑 안으로 내려가는 과정에서 도랑벽에 붙어 있는 전자를 보고, 벽을 친다. 그러면 실리콘 벽이 깎여 나가 '수직 통로'가 아니라 '너구리굴'처럼 되고 만다. 그래서 유석재 박사는 이온을 도랑 안으로 내려보낼 때 중성 원자로 만들어서 도랑벽에 있는 전자와 상호 작용하지 않고 내려가서 수직 통로가 잘 파지도록 하는 방법을 고안했다.

2005년까지 KSTAR 플라스마 진단 총괄 책임자로 일했으나, 2006년부터 플라스마 기술 연구에 집중했다. 2010년에는 '융복합 플라즈마 연구 센터'가 연구소 내부에 만들어져 초대 센터장이 되었다. 2011년에는 더 짜임새가 갖춰진 '플라즈마 기술 연구 센터'로 변경되어 초대 센터장이 되었고, 2012년 11월 7일에는 전북 군산의 국가 산업 단지에 부지를 확보하고 건물을 지어 그곳으로 이전했다. 유석재 박사는 군산에 이전한 날짜를 11월 7일이라고 정확하게 기억하고 있었다. 대단한 기억력이라고 생각했다. 그는 나의 그런 반응에 "내 자식과 같기 때문에 날짜를 기억한다."라고 말했다.

2010년에 연구소 최초로 산업체에 기술 이전을 했다. 대구 소재 플라스마 코팅 전문 업체 아바코에 이전했다. 첫 로열티로 연구소가 5000만 원을 받았다. 유 박사는 2014년에는 연구소의 부기관장인 '선임 단장'을 겸하게 되었다. 그래서 연구소가 있는 대전과 플라즈마 기술 연구 센터가 있는 군산을 오가며 일해야 했다. 플라즈마 기술 연구 센터는 유 박사와, 그의 중학교 및 고등학교(춘천고) 동기인 이봉주 박사와 둘이서 시작한 일이다. 이봉주 박사는 한양대 원자력 공학과를 졸업하고 미국 위스콘신 대학교에서 박사 학위를 받았다. 유석재 박사보다 연구소에 먼저 입사했고, 지금은 한동 대학교 교수 겸 기업체 그린사이언스 대표로 일한다. 유석재 박사는 이어 2018년에 국가 핵융합 연구소 제5대 소장이 되었다.

소장이 된 뒤 그는 핵융합 연구에 집중했다. 연구소 시스템에 문제가 있었다. 국가 핵융합 연구소는 다른 연구소 부설 기관이라는 법적 지위를 갖고 있었다. 그래서 독립하는 게 중요하다고 봤다. 그는 '독립 운동'을 시작했다. 유석재 박사 말을 들어 본다.

"부설 기관이라서 어려움이 많았다. 핵융합 에너지 연구를 하는 수행 주체(국가 핵융합 연구소)와, 법적 책임을 지는 기관(기초 과학 지원 연구원)이 분리되어 있었기 때문이다. 핵융합 에너지 연구는 도전적이고 혁신적인 연구가 필요하다. 공격적인 R&D를 해야 하는 곳이다. 반면 기초 과학 지원 연구원은 연구 장비를 갖고 다른 사람의 연구를 '지원'하는 기관이다. 예컨대 삼성전자와의 일도 이 문제 때문에 틀어졌다. 우리가 반도체 실험 식각 관련 시뮬레이션 코드를 개발했다. 플라즈마 기술 연구 센터가 개발했다. 이걸 삼성전자에 기술 이전하려고 했다. 삼성전자 법무팀이 제동을 걸었다. 부설 기관이어서 법적인 책임을 따지는 데 문제가 있어 계약 주체가 될 수 없다고 했다. 나는 소장 임기 3년을 '독립 운동'하는 데 썼다. 거의 다 소진했다. 국회, 과학기술부, 기획재정부, 물리학회 등을 쫓아다니며 한국 핵융합 에너지 연구원을 만들어야 한다고 설득했다. 법을 바꿔야 하는 일이었다. 그리고 2020년 11월 20일로 국가 핵융합 연구소에서 한국 핵융합 에너지 연구원으로 승격됐다. 뿌듯했다. 내 인생의 기억으로 남을 일이라고 생각한다."

한국 핵융합 에너지 연구원의 임무는 2050년 핵융합 발전 실증을 위한 핵심 기술 개발이다. 이를 위해 2007년 KSTAR를 지어 운영해 왔다. KSTAR 건설과 운영을 1단계 작업이라고 할 수 있다. 1억 도가 넘는 플라즈마를 안정적으로 만들어 장시간 살아 있게 하는 게 주목표다. 2단계는 2025년 완공을 목표로 프랑스 카다라슈(Cadarache)에 짓고 있는 국제 핵융합 실험로(International Thermonuclear Experimental Reactor, ITER) 프로젝트다. 7개국 공동 프로젝트다. ITER는 2035년 중수소와 삼중 수소를 연료로 해서 대용량의 핵융합 에너지 생산이 가능한지를 검증하는 게 목표다.

중수소와 삼중 수소가 융합하는 핵융합 반응에서는 중성자와 헬륨 이온(알파 입자)이 나온다. 이중 중성자의 운동 에너지는 냉각수인 물을 데워 발전하는 데 사용된다. 헬륨 이온의 운동 에너지로는 중

수소와 삼중 수소로 이루어진 플라스마를 계속 가열한다. 그러면 플라스마 불꽃을 1억 도 이상으로 유지하기 위해 추가로 에너지를 투입할 필요가 없어진다. 여기에 연료인 중수소와 삼중 수소만 공급하면 핵융합 반응은 계속 일어나게 된다. 이렇게 1억 도 이상의 플라스마가 스스로 유지되어 대용량의 핵융합 에너지 생산이 가능한지를 실험적으로 검증하는 것이 ITER의 목표다. 유석재 박사는 "2035년이 핵융합 에너지 개발의 변곡점이 된다. ITER는 2035년부터 3년 만에 성공하겠다는 계획을 갖고 있다. 성공하면 인공 태양을 지구에서 구현할 수 있다."라고 말했다.

3단계는 한국에 핵융합 발전소를 건설하는 일이다. 일단은 핵융합 에너지로 전기를 생산할 수 있는지 실증하기 위한 시설이다. 한국 핵융합 에너지 연구원은 KSTAR 운용 경험과, 2025년부터 ITER에서 나오는 각종 데이터를 갖고 전기 생산 실증을 위한 한국형 핵융합 실증로를 개발하게 된다. ITER 회원국 대부분은 ITER 프로젝트의 진행에 맞춰 2038년 즈음에 핵융합 실증로를 지을 것으로 보인다. 제1호 핵융합 발전소 건설은 통상 10년 정도 걸릴 것으로 보이며, 그러면 2048~2050년에 2년간 시운전을 하고 빠르면 2050년에 핵융합 발전이 지상에서 시작된다. 한국도 전기 생산을 위한 핵융합로를 짓는다는 계획을 수립 중에 있으며, 건설 일정은 다른 ITER 회원국과 비슷하게 진행될 것으로 예측되고 있다.

그런데 KSTAR+ITER 기술만으로는 핵융합 전기 생산 실증로를 지을 수 없다. 추가적으로 확보해야 할 기술이 있다. 이것을 '갭(gap)

기술'이라고 한다. KSTAR+ITER 기술과 실증로 기술 사이의 간극을 메울 기술이다. 이것은 ITER 회원국이 공동으로 개발하는 게 아니며, 회원국 각자가 그러니까 한국은 한국 스스로가 개발해야 한다. 유석재 박사가 현재 안간힘을 쓰는 일은 갭 기술 확보를 위해 필요한 추가적인 연구 공간, 연구 인력, 연구비의 확보이다.

유석재 박사는 2018년에 필자를 처음 만났을 때부터 '갭 기술' 얘기를 하며 "핵융합 기술 연구 단지를 지어야 한다. 그 단지에는 핵융합 시뮬레이션 센터와 핵융합 공학 센터라는 최소한 2개의 센터가 필요하다."라고 말한 바 있다. 그로부터 4년이 지난 2022년 4월에 그와 통화했을 때 핵융합 기술 연구 단지를 확보하려는 노력에 진전이 있는지를 물었다. 유석재 박사는 매우 조심스러워했다. 유석재 박사는 "현재는 기획 연구 단계다. 임기 중에 가장 중요한 갭 기술인 증식 블랭킷(blanket)을 연구할 수 있는 기반을 마련하려고 한다. 이게 나의 핵심 목표다. 순조롭지는 않다."라고만 말했다.

이와 관련한 4년 전 그의 이야기는 이랬다. "핵융합 반응에서 나온 중성자의 운동 에너지를 열에너지로 어떻게 바꾸느냐는 문제다. 운동 에너지가 열에너지로 바뀌어야 전기를 생산할 수 있다. 더불어 핵융합로가 삼중 수소를 자급자족할 수 있도록 해야 한다. 운동 에너지-열에너지 변환과 삼중 수소 생산을 하는 장치가 증식 블랭킷이다. 한국이 앞으로 해야 할 가장 중요한 일은 열에너지 변환과 삼중 수소를 생산하는 증식 블랭킷 기술 확보다. 핵융합 발전에 사용할 수 있는 증식 블랭킷 기술을 빨리 확보하는 나라가 핵융합 발전 선진국

19장 미래 에너지의 꿈, 핵융합 기술을 확보하라

이 된다. 핵융합 연구 단지 내 2개의 센터 중 하나인 핵융합 공학 센터는 주로 증식 블랭킷 기술 개발을 하게 된다. 이외 필요한 다른 시설은 핵융합 시뮬레이션 센터다. 인공 지능(AI) 알고리듬으로 핵융합 시뮬레이션을 하면, 핵융합의 난제를 가까운 기간 내에 풀어낼 수 있을 걸로 기대된다."

유석재 박사는 통화를 마치기 전에 민간 기업이 핵융합 에너지 개발에 뛰어들고 있다는 짐을 강조했다. 2021년 이후 세계적으로 30개 이상의 스타트업이 만들어져 투자를 받고 있다. 미국과 영국에서 활발하며, 빌 게이츠 마이크로소프트 창업자, 제프 베이조스 아마존 창업자와 같은 사람이 큰 투자자이다. 핵융합 에너지 개발을 민간이 정부들보다 먼저 해 낼지도 모른다는 일부 기대감도 있다.

20장 야생마, 플라스마를 길들인다

김성식
한국 핵융합 에너지 연구원 이론 해석 연구팀 팀장

한국 핵융합 에너지 연구원의 김성식 박사는 대덕 연구 개발 특구 내 연구원 본관 지하의 슈퍼컴퓨터 제2호기를 사용하고 있었다. 김성식 박사를 따라 지하에 내려가니 영화 속에서 본 검은색 슈퍼컴퓨터들이 책장처럼 놓여 있었다. 초당 80조 번의 계산을 하는 컴퓨터다. 섭씨 40도 폭염 속에 그를 만나러 가는 길은 힘들었으나 슈퍼컴퓨터실은 에어컨 소리로 요란했다. 그를 만난 것은 2018년 8월이다.

김성식 박사는 한국 핵융합 에너지 연구원의 다중 스케일 난류 연구팀 팀장이다. (2022년 8월 현재는 이론 해석 연구팀 팀장을 맡고 있다.) 여기서 난류는 따뜻한 물 흐름인 난류(暖流)가 아니고, 불규칙하게 운동하는 유체 흐름인 난류(亂流, turbulence)를 말한다. 점성이 있는 유체의 운동량 변화를 표현하는 수식이 나비에-스토크스 방정식이다. 김성식 박사는 "나비에-스토크스 방정식은 손으로 풀 수 없다."라고 말했다. 그가 슈퍼컴퓨터를 사용할 수밖에 없는 이유다.

한국 핵융합 에너지 연구원은 KSTAR라는 핵융합 실험로를 운영한다. 핵융합 발전 가능성을 연구하는 시설이다. KSTAR의 크기는 지름 9.4미터, 높이 9.6미터. KSTAR의 핵심 장비는 도넛 모양의 진공 용기다. 이 진공 용기, 즉 핵융합 실험로 안에는 1억 도 가까이 달궈진 플라스마가 들어 있다. 때문에 KSTAR는 인공 태양이라고도 불린다.

"최소 1억 도가 되어야 핵융합 반응이 일어난다. 또한 이 온도에서 핵융합 플라스마가 꺼지지 않고 오래 지속되도록 하는 게 관건이다. 현재는 플라스마를 지속적으로 켜놓는 게 힘들다." KSTAR도 불과 몇 초밖에 가동을 하지 못하다가 2016년 1분 이상 가동하는 데 성공했다. 이는 세계적인 기록이다. 플라스마 가동을 연구소에서는 '캠페인'이라고 부른다. 궁극적으로는 플라스마를 안정화하는 게 김성식 박사가 하려는 일이다. 좁혀서 말하면 난류가 일어나는 플라스마의 불안정성을 이해하고, 플라스마를 자기장으로 진공 용기 안에 잘 가둬 놓는 일을 김성식 박사 팀이 하려고 한다.

한국 핵융합 에너지 연구원 사람들은 핵융합 실험로 안에서 날뛰는 플라스마를 '야생마'라고 표현한다. 야생마를 길들이는 것이 김 박사의 일인 셈이다. "플라스마의 불안정성은 자연스러운 현상이다. 진공 용기 안 플라스마는 1억 도이고, 용기 밖은 상온(常溫)이다. 안과 밖의 온도 기울기가 크다 보니 열이 높은 쪽에서 낮은 쪽으로 이동하려고 한다. 열이나 하전 입자가 자기장 안에 갇혀 있어야 플라스마가 고온으로 유지된다. 플라스마의 에너지가 10~20퍼센트만 빠져나가도 진공 용기나 플라스마 대면체에 손상이 간다. 플라스마 길들이기가 핵융합 발전을 실용화하는 길에서 가장 어려운 일 중 하나다."

플라스마의 불안정성은 미시 규모와 거시 규모로 일어나는데 두 가지는 서로 영향을 주며 발생한다. 이중에서 미세 난류 현상이 그의 연구 분야다. 김성식 박사는 플라스마 물리학 이론 연구자다. 미세 난류를 컴퓨터 시뮬레이션을 통해 연구한다. 모형을 만들고 시뮬레이션을 돌려 실험값과 시뮬레이션 결과를 비교해 플라스마 유체 역학을 정확히 이해하는 것이 그의 연구 과제다.

물이 흐르는 모습을 보면 작은 소용돌이가 생기는 것을 알 수 있다. 소용돌이는 대개 없어지나 커질 수도 있다. 플라스마 유체 역학에서도 비선형 작용이 일어나 난류의 운동을 예측할 수 없다. 난류 현상이 일어나면 플라스마를 이루는 전자나 하전 입자(중수소 이온)가 난류를 따라서 움직인다. 그렇게 되면 진공 용기 밖에서 걸어 주는 자기장의 통제를 벗어난다. 한 점에 갇혀 있어야 하는데 이리저리 움직이다가 자기장 밖으로 빠져나간다. 미시적인 불안정성이 일어나면 플라스마의 온도와 밀도가 어느 정도 이상 올라가지 않는다. 거시적인 불안정성의 경우는 아예 플라스마가 꺼진다.

플라스마는 물질의 네 번째 상태라고 불린다. 플라스마는 원자를 이루는 두 구성 요소인 원자핵과 전자가 분리된 상태다. 전자는 음의 전기를, 원자핵은 양의 전기를 띠고 있다. 전하를 띠고 있기에 자기장을 걸어 주면 잡아당기거나 밀어내는 방식으로 전기를 띤 플라스마를 통제할 수 있다. 자기장을 걸면 플라스마가 특정한 운동 반지름을 가지고 자기장 주위를 뱅글뱅글 도는데 이렇게 되면 플라스마를 가둔 것이다. 이 상태에서 진공 용기 밖에서 안으로 에너지를 집어넣으면 플라스마 온도가 올라간다. 1억 도 이상 올리는 게 목표다.

"플라스마를 가두는 진공 용기를 토카막(tokamak)이라고 한다. 일본 토카막을 보러 간 적이 있다. 진공 용기 내부에 에너지를 주입하는 중성 빔 주입기(neutral beam injection, NBI)가 진공 용기보다 훨씬 컸던 게 기억난다." 핵융합 플라스마에서 일어나는 거시적 불안정은 밖에서 여러 가지 방식으로 제어한다. 특정 영역을 가열하거나 자기장을 건다. 하지만 미시적 불안정성은 제어하기가 조금 어렵다는 것이 그의 말이다.

김성식 박사는 카이스트 물리학과 89학번이다. 대학원 석사 때 플라스마 물리학 공부를 시작했다. 1999년 박사 논문은 반도체 공정용 플라스마 시뮬레이션 코드 개발을 주제로 썼다. "핵융합 에너지 연구원이 생기기 전이었다. 핵융합을 공부하면 해외로 나가거나 반도체 회사에 들어갈 수밖에 없었다."

나는 이 말을 듣고 삼성 전자와 같은 반도체 기업이 플라스마를 반도체 공정에 사용한다는 것을 처음 알았다. 김성식 박사는 반도체 회로 기판에 회로를 정확하게, 빨리 깎기 위해 플라스마를 사용한다고 했다. 아주 오래전에는 화학 물질에 회로 기판을 집어넣었다가 꺼내는 화학 식각 방법으로 웨이퍼에 회로를 깎아 넣었지만 지금은 플라스마를 이용해 회로를 깎는다.

다행히 그가 학위를 마쳤을 때 한국에서도 핵융합 연구를 할 수 있는 곳이 생겼다. 정부가 핵융합 발전 연구를 위한 연구소를 기초 과학 지원 연구원(KBSI) 안에 만들었다. 국가 핵융합 기술 연구소는 이후 2005년에 기초 과학 지원 연구원 내 본부에서 부설 기관으로 지위가 바뀌었다. 그리고 2020년에는 독립 기관인 한국 핵융합 에너지 연구원이 되었다.

김성식 박사는 2000년 3월 기초 과학 지원 연구원 핵융합 연구 개발 사업단 시절에 입사했다. 입사 직후 일본 교토 대학교에 가서 박사 후 연구원으로서 연구한 뒤 2001년 말에 돌아왔다. 이때부터 핵융합 플라스마 연구에 매달렸다. 핵융합 플라스마 연구자들은 실험하는 사람과, 김성식 박사처럼 이론을 만들고 그것을 토대로 컴퓨터 시뮬레이션을 하는 연구자로 나뉘어 있다. "나는 이론을 하지만 이론에 기울었다기보다는 컴퓨터 시뮬레이션 코드를 만든다."라고 김성식 박사는 자신을 설명했다.

KSTAR가 2007년 완성되기 전에도 연구는 해야 했다. 그래서 미국에서 낡은 장비를 무상으로 들여왔다. 긴 원통 모양의 '자기 거울 플라스마' 장치였다. 양쪽 끝에 코일로 강한 자기장을 만들어 플라스마를 그 안에 가두는 장치. 플라스마가 한쪽에서 다른 쪽으로 움직여 가면 그 끝의 강한 자기장 때문에 반대 방향으로 반사된다. 양쪽 끝의 거울과 같은 자기장 안을 오가며 플라스마는 갇혀 있게 된다. 최초의 원자로를 만든 이탈리아 물리학자 엔리코 페르미(Enrico Fermi)가 자기 거울 플라스마 개념을 제시했다.

자기 거울 플라스마는 KSTAR와 같은 토카막 등장 이전에 핵융합 기술 연구를 위한 장치였다. 하지만 플라스마가 완전히 가둬지지 않고 원통 양쪽 끝으로 빠져나오는 게 취약점이다. "처음에는 자기 거울 장치의 플라스마 안정화를 연구했다. 안정화 장치가 미국에서 가져올 때 고장나 있었는데 내가 참여한 팀이 이 장치를 전자기파로 안정화하는 데 성공했다. 시뮬레이션도 잘 나왔다. 실험도 시뮬레이션 한 것처럼 나왔다. 전자기파를 이용해 자기 거울 장치를 안정화한 것은 처음이었다."

2005년에 《피지컬 리뷰 레터스》에 논문이 실렸다. 논문의 주(主)저자는 장호건 박사다. 장 박사는 김성식 박사의 보스다. 김성식 박사가 이끄는 다중 스케일 난류 연구 팀은 선행 물리 연구부에 속해 있는데, 장호건 박사가 선행 물리 연구부 부장이다.

김성식 박사가 난류 연구를 시작한 것은 이명박 정부가 시행한 세계 수준의 연구소 육성 사업(WCI) 덕분이다. 이 프로그램은 2010년부터 2014년까지 운영됐다. 세계적인 석학을 초빙해 그로부터 배우자는 것이 WCI의 취지였다. 당시 연구원에 WCI 핵융합 이론 센터가 생겼고, 미국 캘리포니아 대학교 샌디에이고 캠퍼스의 미세 난류 연구자 패트릭 다이아몬드(Patrick Diamond) 교수가 왔다. 그는 플라스마 물리학 분야의 최고 권위자 중 1명이다. 김성식 박사가 속해 있는 선행 기술 연구부가 당시 WCI 핵융합 이론 센터가 연구했던 일을 이어 가는 중이다.

김성식 박사에 따르면 진공 용기 속의 플라스마를 제어할 때 신경 써야 할 것은 플라스마가 진공 용기 벽을 치지 않게 하는 일이다. 자기장으로 플라스마가 공중에 뜨도록 제어해야 한다. 그런데도 빠져 나가는 플라스마 입자가 있다. 이렇게 빠져나온 고에너지 입자를 모

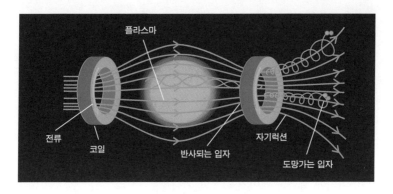

플라스마

전류

코일

반사되는 입자

자기력선

도망가는 입자

1억 도가 넘는 초고온의 플라스마를 가두기 위해서는 특별한 진공 용기가 필요하다. 위 그림은 초창기 연구에 사용했던 자기 거울 플라스마 장치의 개념도이다. 양 끝에 강력한 자기장을 걸어 플라스마를 가두어 플라스마 입자가 탈출하지 못하게 한다.

아 밖으로 내보내는 장치가 디버터(diverter)다. 디버터는 플라스마의 열을 올리는 데도 중요하다.

"독일에서 디버터 타입의 토카막을 개발했는데 이를 사용하니 플라스마 효율이 급격하게 좋아졌다. 감금 효율이 2배 이상 올라갔다. 디버터 타입 토카막 내의 플라스마를 들여다보고 특이한 현상이 있는 걸 알았다. 열 가둠이 좋은 H-모드(High-confinement) 현상이다. 진공 용기 내 플라스마 겉면인 '분리 자력선' 안쪽의 수 센티미터 위치에 둑처럼 에너지 흐름을 가로막아 플라스마가 밖으로 못 빠져나가는 현상이 일어난다. 플라스마에 에너지를 부으면 온도와 밀도가 천천히 올라가는 L-모드와는 달랐다. H-모드는 급격하게 올라간다. 문제는 L-모드에서 H-모드로 바뀌는 메커니즘을 잘 모른다는 것이다."

김성식 박사에 따르면 L-모드에서 H-모드로 가는 원인이 무엇일까에 대한 이야기는 많았지만 시뮬레이션으로 정확하게 알아낸 곳은 없었다. H-모드는 열 배출을 막는 일종의 수송 장벽이다. 이 수송 장벽이 플라스마 겉면뿐만 아니라 플라스마 내부에도 생긴다. 김성식 박사는 2013년부터 이 경계 수송 장벽과 내부 수송 장벽이 생기는 원리를 알아내는 데 힘을 쏟아 왔다. 이것을 알아내면 플라스마 길들이기에 새로운 페이지를 쓰게 된다.

"수치 해(numerical solution)가 불안정하게 나와 몇 년 동안 힘들었다. 몇 달 전 코드 완성으로 가는 길을 찾았다. 이제 토카막의 전 영역을 보는 유체 난류 시뮬레이션 코드 개발을 코앞에 두고 있다. 1~2년 더 작업하면 소프트웨어를 완성할 예정이다. 고세훈 박사의 도움을 받아 이뤄 낸 성과다."

김성식 박사는 그동안 여러 조건을 전제한 상태에서 수송 장벽이 생기는 것을 알아냈다. 하지만 이제는 일반적인 조건에서 수송 장벽이 생기는 것을 보여 줄 것이라고 했다. 그렇게 되면 열 수송 장벽이 안정적으로 오래 유지되고 플라스마 길들이기에 상당한 향상이 있을 것으로 기대된다. 전 세계적으로 수송 장벽이 생기는 것을 완벽하게 보인 연구자는 없다.

"핵융합 연구 장치인 하드웨어로서 KSTAR는 세계적인 시설이다. 최첨단 장치다. 우리가 곧 유체 난류 시뮬레이션 코드를 내놓으면 소프트웨어 측면에서도 한국 핵융합 에너지 연구원이 세계적인 연구 역량을 갖추게 된다."

김성식 박사의 연구는 핵융합 발전이라는 미래 에너지 개발로 가는 디딤돌을 놓는 작업이다. 밖에서 알아주지 않아도 슈퍼컴퓨터를 돌려 가며 답을 찾으려는 연구자가 귀한 시간을 길게 내준 것만 해도 고마웠다.

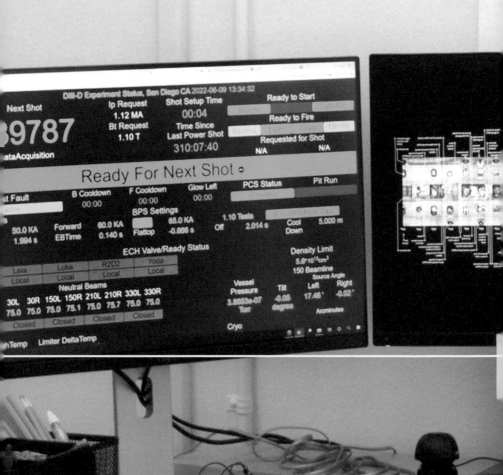

21장 핵융합의 미래가 그에게 달렸다

홍석호
제너럴 아토믹스 연구원

홍석호 박사는 경희 대학교 물리학과 석사 과정을 마친 직후인 1999년 4월 9일, 스티븐 와인버그(Steven Weinberg, 1979년 노벨 물리학상 수상)로부터 전자 우편을 받았다. 와인버그는 미국 텍사스 대학교 오스틴 캠퍼스 교수로 일한 입자 물리학계의 거물이다. 소설『무궁화꽃이 피었습니다』(1993년)의 주인공인 이론 물리학자 이휘소 박사의 절친으로 한국에는 알려져 있다. 홍석호 박사는 와인버그의 전자 우편을 받고 놀랐다. 석사 논문을 미국 국립 로스앨러모스 연구소의 출판 전 논문 웹 사이트에 올려놓았는데, 와인버그가 그것을 보고 연락을 해 온 것이다. 와인버그는 "홍 박사님, 당신의 논문을 읽었습니다. 다음 주 워싱턴에서 강연이 있는데, 그와 관련해 한 가지 물어보고 싶습니다."라고 했다.

홍석호 박사는 탄소 핵융합 과정을 규명하는 게 한때 핵물리학계의 이슈였다고 말했다. 탄소는 생물을 구성하는 기본 원소다. 탄소는

21장 핵융합의 미래가 그에게 달렸다

별에서 헬륨을 뭉쳐서 만든다. 논란은 '탄소가 만들어지는 조건이 얼마나 제한적인 조건이냐?'였다. 생명의 기본 물질인 탄소가 대단히 제한적인 조건에서만 만들어지는 것 아니냐는 일부 연구 성과를 두고, "신의 손길을 느낀다."라고 말하는 이도 있었다.

홍석호 박사가 계산해 보니, 탄소의 융합 조건은 생각했던 것보다는 까다롭지 않았다. 원자량이 4인 헬륨 3개가 뭉쳐 원자량 12인 탄소를 만든다. 3개 중 2개가 먼저 핵융합 반응을 일으키면 베릴륨이 만들어진다. 이 베릴륨에 헬륨 원자핵이 하나 더 붙으면 탄소가 된다. 홍석호 박사는 당시까지 탄소가 어떠한 방식으로 융합되는지를 정확히 몰랐지만 자신이 처음으로 알아냈다고 했다. 이석준 교수의 지도를 받으며 세계 최초로 상대론적 평균 장 이론(relativistic mean field)을 이용한 전산 모사(模寫)를 했다. 홍석호 박사가 보여 주는 와인버그 전자 우편 사본을 보니, "홍 박사에게."라고 적혀 있었다.

무명의 한국 석사 학생에게 도착한 와인버그의 전자 우편은 벼락과 같은 충격이었다. "노벨상 수상자가 관심을 보인 논문을 썼다고 생각하니, 더 어려운 분야에 도전해야겠다는 자신감을 얻게 됐다. 그래서 플라스마 물리학으로 박사 과정의 연구 주제를 바꿨다."

인터뷰를 했던 2018년 8월 당시 홍석호 박사는 국가 핵융합 연구원에서 차세대 원자로인 핵융합 원자로 설계와 기술 개발을 책임지고 있었다. 그의 보직명인 '데모 기술 연구부'에서 그가 하는 일이 무엇인지 힌트를 얻을 수 있다. 데모 기술 연구부 중 데모는 핵융합 실증로를 가리킨다.

핵융합 발전은 핵분열을 이용한 원전보다 효율이 높고 안전하다. 그래서 인류의 차세대 에너지로 떠올랐다. 핵융합 반응을 일으키기 위해서는 핵융합로 내부에 1억 도의 플라스마를 만들어 내야 한다. 1억 도의 플라스마를 만들고, 24시간 살아 있게 하고, 그 뜨거운 온도를 견딜 수 있는 시스템을 구축해야 한다. 그 누구도 이런 일은 해 본 적이 없다. 극한 과학이다. 때문에 한국의 경우 첫 단계로 국가 핵융합 연구원에 핵융합 실험로인 KSTAR를 만들어 운용하고 있다. KSTAR는 핵융합 발전이 가능한가를 연구하는 실험 장치다. 한국은 KSTAR를 만들고 운영한 경험을 인정받아, 국제 핵융합 실험로 프로젝트(ITER)에 참여하고 있다. 프랑스 남부 지중해에 가까운 도시 카다라슈에 7개 나라가 KSTAR보다 성능이 우수한 실험로를 짓고 있다. 한국은 KSTAR 운영을 통해 축적해 가고 있는 데이터와, ITER에서 추가로 얻은 기술을 확보해 향후 국내에 핵융합 실증로를 지을 계획이다.

ITER는 2025년과 2045년 사이에 운영된다. ITER는 실험로를 갖고 전기 생산 바로 전까지를 실험하게 된다. 다음 단계인 핵융합 실증로는 실제로 전력을 생산하게 된다. 핵융합 발전이 완성된다. 한국은 2042년 전기 생산을 목표로 한다. 이 핵융합 실증로에 필요한 기술을 개발하고, 핵융합 실증로를 설계하는 게 홍석호 박사가 이끄는 부서의 임무다.

"데모 실증로에서는 중성자 연구와 열 문제가 중요하다. 핵융합 실증로를 만들기 위한 연구 개발이 끝나지 않았기 때문에 기술을 개발

21장 핵융합의 미래가 그에게 달렸다

하면서 실증로를 설계해야 한다. 중수소와 삼중 수소를 융합하면 헬륨과 중성자가 나온다. 이중 중성자는 14메가전자볼트라는 높은 운동 에너지를 갖고 있다. 이 활발하게 움직이는 중성자가 실증로 벽에 부딪히면서 열이 발생한다. 발생하는 열은 '블랭킷'이라는 1미터 두께의 차단벽 속을 지나는 물을 끓인다. 펄펄 끓는 물은 발전소 터빈을 돌리는 데 사용된다. 하지만 블랭킷에서 열이 교환되는 것으로 충분하지 않고 추가로 열을 식혀 줘야 한다."

중성자 문제는 진공 용기 내의 운동 에너지가 큰 중성자를 차단벽이 견딜 수 있느냐 하는 재료의 문제다. 홍석호 박사는 "중성자가 차단벽을 계속 때리면 차단벽 내의 원자 위치가 바뀐다. 그러면 내구성, 강도 등 재료의 물성이 변한다. 망가진다. 그게 어디까지 견딜 수 있느냐가 아직 불분명하다."라고 말했다.

이런 것을 포함해 데모 기술 연구부에는 모두 35명이 차세대 토카막 연구에 매달리고 있다. 핵융합 안전 연구 팀 3명, 토카막 통합 시스템 연구 팀 4명, 디버터 시스템 연구 팀 9명, 초전도 자석 연구 팀 5명, 진공 극저온 연구 팀 8명으로 나눠 일한다. 차세대 토카막을 설계하고, 핵융합 장치에서 열속(heat flux, 단위 면적당 에너지)을 많이 받는 부품인 디버터를 만들고, 핵융합로에서 나오는 중성자로부터 안전을 지키는 방법 등을 연구한다.

홍석호 박사는 자신을 "경계 플라스마" 연구자라고 표현했다. 플라스마와, 플라스마를 둘러싸고 있는 주변체와 상호 작용을 연구했다고 말했다. 그는 독일 보쿰에 있는 루어 대학교에서 박사 공부를 했다. 루어 지방은 한국에 흔히 루르 지방으로 알려져 있다. "경계 플라스마를 공부하려니, 공부할 게 많았다. 플라스마를 알아야 하고, 플라스마 주변체의 재료를 알아야 하고, 2개의 상호 작용을 공부해야 했다. 원자핵 물리학도 해야 했다."

반도체 산업에서는 플라스마를 이용해 회로를 새긴다. 플라스마 내부의 티끌 입자는 핵융합과 반도체 산업에서 문제를 일으킬 수 있다. 수 마이크로미터 크기인 고체 입자가 플라스마 내부에서 생긴다. 이게 반도체 웨이퍼 기판에 떨어지면 그 반도체는 불량품이 될 수 있다. 핵융합 과정에서는 티끌 입자가 수소를 잡아먹는다고 홍석호 박사는 말했다. 유효 단면적이 커서 핵융합의 재료인 삼중 수소를 소비한다. 결과적으로 핵융합 플라스마의 질을 떨어뜨린다. 이런 티끌 입자 생성 과정이 어떻게 시작되고, 어떻게 제거할 수 있는지를 연구해 박사 논문을 썼다. 2004년이었다.

"이론 물리학자에서 실험 물리학자가 되니, 처음에는 장비를 몰라 애먹었다. 장비를 이해하려고 처음에 노력했다. 실험실에서 살았다. 박막의 두께와 광학 상수를 측정하는 타원 편광 분석기가 있다. 필요한 데이터를 입력하면 원하는 값이 나온다. 나는 어떻게 해서 장치가 값을 내놓는지 궁금했다. 그래서 기계가 계산하는 걸, 손으로 직접 수식을 유도해 풀었다. 파스칼 프로그래밍 언어로 소프트웨어를 짰다. 한 달여를 그러고 있으니, 루어 대학교의 요르크 빈터(Joerg Winter) 지도 교수가 '시간 낭비하는 거 아니냐, 뭐 하는 거냐.'라며 이해할 수 없다는 반응을 보이기도 했다. 하지만 그랬기에 내가 이 장

21장 핵융합의 미래가 그에게 달렸다

비를 충분히 이해할 수 있었고, 훗날 연구실에서 사고가 발생했을 때 피해를 최소화할 수 있었다."

사고는 홍석호 박사가 박사 과정이 끝날 무렵에 일어났다. 독일 학생이 박사 과정을 마치고 나가면서 자신의 연구에 특허를 신청한다며 연구실에 있던 나노 입자 광 특성 측정을 위한 타원 편광 분석기를 분해해 버렸다. 프로그램도 모두 지웠다. 어처구니없는 일이었다. 홍석호 박사는 이때 6개월 걸려 프로그램을 새로 구성해 복구했다. 손으로 모든 방정식을 풀어 보았고, 타원 편광 분석기를 잘 이해하고 있었기에 빠른 시간 안에 복구하는 게 가능했다. "교수님이 '네가 나를 살렸다.'라고 고마워했다." 이 작업은 박사 후 연구원으로 2년간 더 루어 대학교에 머무르면서 했다. 당시 사고는 그에게 세계 최초 기록을 또 하나 만들어 줬다. 플라스마 내부의 탄소 나노 입자의 광 특성을 최초로 측정한 것이다. 천체 물리학 분야 연구다.

"성운이 모인 곳에서 별이 탄생한다. 성운을 이루는 것은 플라스마 나노 입자다. 성운에 상대적으로 많이 존재하는 것이 탄소 나노 입자다. 내가 알아낸 건 성운의 흡수 계수다. 별이 있다고 하자. 별빛이 지구에 닿으려면 경로 상의 중간에 있는 성운을 통과한다. 이때 성운이 별빛을 일부 흡수한다. 천체까지의 거리와 특성을 이해하기 위해서는 성운의 광 특성을 알아야 한다. 하지만 천문학자들은 성운이 얼마나 별빛을 흡수하는지를 그때까지 정확히 몰랐다. 내가 탄소 나노 입자의 크기에 따른 정확한 흡수율을 알아냈다. 천문학에 매우 큰 기여를 했다고 생각한다."

홍석호 박사는 독일을 떠나 프랑스로 갔다. 국립 원자력청의 플라스마 연구소에서 다시 2년을 박사 후 연구원으로 일했다. 이 연구소가 지금 한국 등 7개 국가가 짓고 있는 ITER 공사 현장에 있다. 카다라슈. 이곳에서 연구하던 중 한국 핵융합 연구원 제안을 받고 2008년 11월 한국에 돌아왔다.

"플라스마 표면 상호 작용 분야가 약하니, 그 분야를 키워 달라." 라는 이야기를 들었다. 플라스마에 의한 박막 증착, 식각, 나노 입자 분야가 플라스마 표면 상호 작용 분야다. 당시 핵융합 에너지 연구원에는 핵융합 플라스마 표면 상호 작용 연구자가 없었다.

"첫 1~2년은 고군분투했다. 연구 커뮤니티를 만들어야겠다는 생각을 했다. 학생을 가르치고 대학 교수들에게 핵융합 플라스마 표면 상호 작용 관련 아이디어를 제공했다." 한양 대학교와 과학 기술 연합 대학원 대학교(UST)에서 학생을 가르쳤다. 또 2015년에 핵융합 에너지 연구원 내부 인력을 훈련해 플라스마 내벽 물성 연구 팀을 만들었다.

KSTAR 진공 용기 내부에서 열속을 가장 많이 받는 장치는 내벽인 디버터다. 최적화된 디버터 형상도 개발했다. 진공 용기 내 플라스마 단면 기준으로 보면 아랫부분의 열속이 가장 크다. 열에서 가장 강한 텅스텐을 쪼개 모노 블록으로 만들었다. 디버터에 텅스텐 조각이 30만 개 들어간다. 그리고 그는 2017년 데모 기술 연구부 부장으로 임명됐다.

당초 한국 정부의 핵융합 진흥법상 계획은 실증로를 건설, 2042년까지 전기 생산 실증을 하겠다는 것이었다. 그러나 홍석호 박사는 지연이 불가피하다고 말했다. 프랑스에서 진행 중인 ITER 사업이 10년 정도 지연됐기 때문이다. ITER에서 나오는 데이터와 연구 성과, 기술은 한국이 나중에 짓게 될 핵융합 실증로, 즉 K-데모를 만드는 데 필요하다. 핵융합 실증로를 설계하는 일은, 3단계로 진행된다. 2021년까지 설계 개념을 연구하고, 이후 2022년부터 2026년까지 개념 설계를 한다. 이후 정부의 허가를 받아 공학 설계를 하게 된다. 홍석호 박사는 "은퇴 전, 공학 설계까지 참여하게 될 듯하다."라고 말했다. 핵융합 발전 성패의 한 축이 그에게 달려 있는 듯이 보였다.

2021년 하반기, 홍석호 박사는 미국 기업 제너럴 아토믹스(General Atomics)로 옮겼다. 제너럴 아토믹스는 방위 산업 업체 제너럴 다이내믹스의 자회사이며, 핵융합로 개발이 한 사업 영역이다.

김하진

울산 과학 기술원 바이오 메디컬 공학과 교수

울산 과학 기술원 바이오 메디컬 공학과 김하진 교수 방에 들어가니 바로 앞 벽에 칠판이 걸려 있다. 화이트보드에 수식이 가득하다. 칠판은 물리학자가 사랑하는 연구 도구. 그간 취재한 물리학자 대부분은 연구실에 칠판을 갖고 있었다. 반면 대형 칠판을 갖고 있던 생명 과학자는 잘 기억나지 않는다. 2022년 지난 1월 중순에 찾아간 김하진 교수 방의 화이트보드에 DNA 이중 나선 구조 그림이 없었다면 그 방은 물리학과 교수 연구실이라고 생각했을 것이다.

김하진 교수는 생물 물리학자다. 생물 물리학자는 물리학자가 개발한 도구를 갖고 생명 현상을 연구한다. 김 교수는 "나는 단일 분자(single molecule)를 하나씩 들여다보는 단일 분자 생물 물리학을 한다."라고 말했다. 생물에서 중요하고 유명한 분자는 DNA, RNA, 단백질이다.

그는 고체 물리학자로 연구자의 길을 걷기 시작했다. 서울 대학교 물리학과 95학번. 국양 교수의 지도를 받아 2006년 고체 물리학 박사가 되었다. 국양 교수는 지금은 대구 경북 과학 기술원 총장으로 일한다. 고체 물리학을 공부하며 성과가 좋았다. 박사 과정에 들어간 이듬해인 2002년에는 실험실 선배를 도운 결과가《네이처》에 실렸다. 그는 제2저자였다. 주 연구자가 제1저자이고, 보조 연구자는 제2저자 등 공동 연구자로 논문에 이름이 올라간다. 지도 교수는 교신 저자다.

박사 3년 차 때는《피지컬 리뷰 레터스》에 논문을 썼다.《피지컬 리뷰 레터스》는 물리학자가 논문을 가장 발표하고 싶어 하는 물리학 분야 학술지로 미국 물리학회가 발행한다. 연구는 당시 관심을 모으던 탄소 나노 튜브를 갖고 했다. 탄소 나노 튜브는 꼬인 정도에 따라 금속도 되고 반도체도 된다. 금속은 전기가 잘 통하는 반면, 반도체는 조건에 따라 전기가 통하거나 통하지 않을 수 있다. 김 교수는 성질이 다른 반도체 탄소 나노 튜브 2개가 연결되었을 때 그 접점에서 전자들의 구조가 어떻게 되는지를 보았다. 주사 터널링 현미경을 갖고 물질의 전자 구조를 봤다. 김 교수는 "물성을 알아야 써먹을 수 있다. 그리고 서로 다른 걸 붙여야 그게 뭔가 기능을 한다."라며 "반도체 2개가 만났을 때 나오는 특징을 이용한 게 다이오드이고, 서로 다른 반도체 3개를 붙인 게 트랜지스터다. 탄소 나노 튜브의 물리적 성질도 당시에 그런 측면에서 관심을 모았다."라고 설명했다.

박사 학위를 받고 박사 후 연구원으로 가서 연구할 곳을 찾았다. 고체 물리학을 계속 하고 싶지 않았고, 새로운 일을 하고 싶었다. 나노 물리학, 생물 물리학을 생각했다. 김하진 교수는 "박사 때 주제를 오래 하다 보면 매너리즘에 빠지기 쉽다. 지겨워진다. 지금 생각해도 그때 방향을 달리해 생물 물리학을 시작한 게 잘했다."라고 말했다.

나노 물리학은 많은 경우 측정에 성공하는 것 자체가 관건이다. 성공한 측정에 대해 이렇게 저렇게 다르게 해 볼 여지가 비교적 적다. 실험 데이터에 해석과 계산을 더해 논문을 쓴다. 이와 달리 생물 물리 실험은 좀 더 통제할 수 있는 변수가 많다. 그는 계속해서 이렇게 설명했다. "내가 본 게 진짜 옳은지를 확인하기 위해 조건을 달리 해 보기도 하고, 반복해서 재현되는지도 본다. 제한적인 데이터를 갖고 논문을 쓰는 느낌이 들지 않는다. 통제 실험으로 좀 더 확실한 걸 알아낼 수 있다는 신뢰가 생물 물리학에는 더 있다. 따라서 실험 재현성이 좋다. 또 다른 분야 사람들과 많이 일할 수 있어 좋다. 주로 생물학자, 화학자와 공동 연구를 한다."

결과적으로 미국 캘리포니아 대학교 버클리 캠퍼스의 스티븐 추 교수 실험실로 갔다. 2006년 말이었다. 스티븐 추는 노벨 물리학상 수상자다. 레이저를 갖고 원자를 냉각시키는 방법을 개발한 원자 물리학 연구로 노벨상(1997년)을 받았다. 그런데 실험실에 합류해서 보니, 추 교수는 원자 물리학이 아닌 생물 물리학 연구를 하고 있었다.

그곳에서 김하진 박사는 생물 물리학을 혼자 공부해야 했다. 박사 과정 학생이라면 같은 실험실의 박사 후 연구원이나 다른 박사 과정 학생에게 물어서 배울 수 있다. 하지만 박사 후 연구원 신분이고 당시 스티븐 추 교수의 그룹이 소규모라서 그렇게 되지 않았다. 김 교수는

"박사 때 배운 게 기술적으로 쓸모가 없어 고생했다."라고 말했다. 생물학자와 화학자 실험실에서 가장 기본적인 도구로 피펫이라는 게 있다. 액체를 조금씩 양을 조절하며 옮길 때 사용하는데, 김 교수는 그 사용법조차 몰랐다. 이런 것을 포함해서 온라인 백과사전인 위키피디아와 구글 검색 엔진의 도움을 많이 받았다. 온라인 자료와 도구가 없었으면 생물 물리학 연구자로 변신하는 게 쉽지 않았을지도 모른다.

몸을 담고 있던 연구실 책임자인 스티븐 추 교수가 2009년 버락 오바마 정부가 출범하면서 미국 에너지부 장관이 되었다. 김하진 박사에게는 타격이 아닐 수 없었다. 그간 진행하던 리보솜('단백질 공장'이라고 불리는 세포소기관) 연구를 마무리 짓고 싶었으나, 그렇게도 되지 않았다. 2년 6개월의 박사 후 연구원으로 보낸 시간이 헛일이 되었다. 학술지에 논문 하나 내지 못하고 다른 실험실로 옮겨야 했다. 2009년 5월 시카고 인근의 어배너-샘페인에 있는 일리노이 대학교의 하택집 교수(현재 존스 홉킨스 대학교 교수)에게로 갔다. 하 교수는 서울대 물리학과 인연으로 따지면 김하진 교수의 학과 9년 선배다. 김하진 교수는 그곳에서 2014년까지 4년 6개월을 머물렀다.

2022년 현재 김하진 교수가 울산 과학 기술원에서 하는 연구는 크게 세 가지다. 세 가지는 ① 염색질 동역학, ② DNA의 근본적인 성질, ③ RNA 중합 효소 동역학이고, 이중 맨 마지막인 RNA 중합 효소 동역학에 관해 그는 먼저 설명해 주겠다고 했다. RNA 중합 효소는 DNA를 주형으로 삼아 RNA를 만드는 일을 한다. RNA 중합 효소가 하는 일을 '전사(transcription)'라고 한다. 김 교수는 "RNA 중합 효소 관련 연구를 박사 후 연구원 때도 했고, 지금도 연구한다. 재작년에 논문이 나왔다. 거기에서 일반적인 얘기를 할 수 있을 것 같다."라고 말했다. 그는 박사 후 연구원 시절에 하택집 교수 실험실에서 FRET(fluorescence resonance energy transfer, 형광 공명 에너지 전달) 기술로 RNA 중합 효소의 동역학을 들여다봤다. 김하진 교수 설명을 들어 본다.

"DNA는 세포핵 안에 들어 있고, 이중 나선 구조다. 세포는 필요한 단백질을 DNA로부터 만들어 낸다. DNA에 있는 특정 유전자 서열을 읽어 내 그걸 틀로 해서 RNA를 만들고 그 RNA를 또 참고해서 단백질을 만든다. 이 작업을 하려면 DNA 이중 나선이 풀려야 한다. DNA 이중 나선이 벌어지면 그 사이로 들어가 한쪽 가닥을 읽는 게 RNA 중합 효소가 하는 일이다. RNA 중합 효소는 DNA 서열을 읽고, 가령 서열에 적혀 있는 글자가 A라면 U를, 또 G라면 C를 가져다가 RNA 가닥을 만든다. DNA 서열에 A-T-G-C라는 글자가 써 있으면 RNA 서열은 U-A-C-G가 된다. DNA나 RNA의 글자 하나하나를 뉴클레오타이드라고 한다. 뉴클레오타이드 하나하나가 DNA 서열대로 붙는데 이걸 나는 실시간으로 지켜본다. 직접 눈으로는 볼 수 없고, 형광 염료를 사용해 본다. 형광 염료 2개를 쓰면 형광 염료를 달아 놓은 두 물질 사이의 거리를 잴 수 있다. 거리 변화를 알아내면, DNA 이중 나선이 벌어졌는지, 닫혔는지를 알 수 있다. 내가 사용하는 건 초록 염료와 빨강 염료다. 이런 식이다. 빛으로 초록 염료를 때린다. 빛 에너지가 초록 염료 인근에 있는 빨강 염료로 전파된다. 두 염료 사이가

22장 생명의 분자를 관측하는 물리학자

가까우면 에너지가 전파되며, 그러면 빨간빛이 나온다. 두 염료 사이가 좀 떨어져 있으면 에너지가 잘 전파되지 않기에 초록빛 그대로 나온다. 형광 물질이 내놓는 색깔을 보면 두 물질 간 거리를 잴 수 있다. 이게 단분자 FRET 기술의 원리다."

단분자 FRET 기술은 하택집 교수가 처음 1990년대 후반에 개발했다. 하택집 박사가 캘리포니아 주립 대학교 버클리 캠퍼스의 박사 과정 시절에 개발했다. 하 교수가 단분자 FRET 기술을 개발하기 이전에는 벌크에서, 즉 분자를 많이 넣은 시료에서 형광 신호를 보고 분자 간 거리를 쟀다. FRET 기술은 나오는 빛의 스펙트럼 변화를 갖고 거리를 잰다고 해서 '스펙트럼 자(spectroscopic ruler)'라고도 불린다.

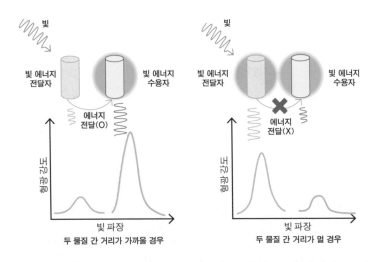

FRET로 두 물질 간 거리 재기. 두 물질 간 거리가 가까우면 파랑 형광 물질이 빛에너지를 받아 옆에 있는 물질에 전달한다. 그러면 노랑 형광이 나온다. 두 물질 간 거리가 멀면 에너지가 전달되지 않아 노랑 형광은 나오지 않고 파랑 형광만 강하게 나온다.

김하진 박사는 일리노이의 어배너-섐페인에서 스펙트럼 자를 갖고 RNA 중합 효소가 전사를 개시하는 단계를 면밀하게 살폈다. 사람 세포가 아니라 효모(yeast)에서, 효모의 핵이 아니라 효모의 미토콘드리아를 대상으로 연구했다. 효모가 사람보다는 간단한 계이고, 핵보다는 미토콘드리아가 간단하기에 연구하기가 좋다. 효모의 미토콘드리아에도 DNA가 들어 있다. 미토콘드리아는 세포 안에 있는 에너지 공장이다.

　연구를 위한 작업은 일반적으로 이런 식으로 진행된다. 연구자는 효모 미토콘드리아의 유전자 서열을, 연구 목적에 맞게 새로 바꿔 설계하고, 형광 물질을 붙이는 일도 DNA 설계 단계에서 한다. 그가 원하는 DNA 합성은 전문 업체에 맡긴다. 연구자는 DNA 합성을 위한 설계를 해서 건네주기만 하면 된다. 업체로부터 DNA 합성한 것을 받으면 그것을 세균 유전자에 넣는다. 세균은 그게 자신의 것인지, 아니면 효모에서 들어온 유전자 서열인지 모르고 단백질을 마구 만들어 낸다. 이렇게 만든 것을 '재조합 단백질'이라고 한다.

　김 교수는 "재조합 단백질을 만드는 작업은 공동 연구자인 미국 뉴저지 주 러트거스 대학교의 스미타 파텔(Smita Patel) 교수가 맡아서 한다."라며 "우리 그룹이 직접 만드는 건 실험을 위한 현미경과 슬라이드밖에 없다."라고 말했다. DNA를 슬라이드 바닥에 죽 깔아 놓고 그것을 고정할 수 있게 화학 물질을 처리한다. 즉 코팅해 놓는다. 그러니까 실험은 생체 내에서 하는 게 아니다. 생체 내 조건과 비슷하게 용액의 수소 농도(pH)와 염(salt) 조건을 맞추고, RNA 생산을 위한 뉴클레오타이드 재료를 넣어 주면 된다. 그러면 세포 안에서처럼 슬라이드 위에 있는 DNA 이중 나선에 단백질들(RNA 중합 효소, 전사 인자)이 가서 붙는다. DNA를 주형으로 삼아 RNA를 만들어 내는 작업이 시작된다.

김하진 교수의 박사 후 연구원 시절 연구는 2012년 학술지《뉴클레익 애시즈 리서치(Nucleic Acids Research)》에 보고한 게 있다. 논문 제목은 「미토콘드리아의 전사 개시 전 복합체에서의 열고 닫힘 동역학(Opening-closing dynamics of the mitochondrial transcription pre-initiation complex)」이다. 단백질들이 DNA의 '프로모터(promoter)'라는 문자 서열에 결합하고, DNA 이중 나선이 풀리면 RNA 중합 효소가 벌어진 2개의 가닥 사이로 들어가 그중 한 쪽 가닥의 염기 서열을 읽기 시작한다.

김 교수는 "RNA 중합 효소가 지나가면서 DNA 서열과 상보적인 RNA 가닥을 만드는데, 생물학 교과서를 보면 반응이 '개시(initiation)', '신장(elongation)', '종료(termination)'라는 단계별로 화살표 반향으로 계속해서 진행하는 걸로 나와 있다. 뉴클레오타이드를 하나씩 읽으면서 앞으로 나아간다. 막상 내가 재 보니 꼭 그런 게 아니었다. 반응이 갔다가 되돌아오는 것도 있었다. 그래서 개시 단계에서 시간이 많이 걸린다는 걸 실험으로 보였다."라고 말했다.

전사 효율로 보면, 이중 나선이 열리고 중합 효소가 한걸음에 DNA 서열을 죽 읽어 나가는 것이 좋다. 그런데 중합 효소는 왔다 갔다 했다. 그리고 이중 나선 자체도 열렸다 닫혔다 했다. 프로모터라는 유전자의 염기 서열에 단백질들이 붙어 있는데도 DNA 이중 나선이 열렸다가는 또 닫히는 일이 반복적으로 일어났다. 김하진 교수는 "실험실에서 우리가 공급해 주는 ATP 농도에 따라 열리고 닫힘이 또 달라졌다. 농도가 올라가면 전사 효율이 올라갔다. 세포가 전사의 효율을 DNA 중합 효소의 동역학을 갖고 조절하고 있었다."라고 말했다.

김하진 교수는 2014년 울산 과학 기술원 교수가 되었다. 그리고 RNA 동역학 분야 연구 관련해서는 2020년에 학술지 《네이처 커뮤니케이션스》와 《뉴클레익 애시즈 리서치》에 각각 논문을 냈다. 《네이처 커뮤니케이션스》에 게재된 논문 제목은 「효모 미토콘드리아의 전사 개시 때 역학적 경관(The dynamic landscape of transcription initiation in yeast mitochondria)」이다. 박사 후 연구원 때는 뉴클레오타이드(A, T, G, C) 1개, 2개를 공급하면서 전사 초기 단계에서 일어나는 일을 봤다. 그 이상을 볼 시스템이 개발되지 않아서 당시는 더 보는 게 힘들었다. 울산 과학 기술원에서는 DNA 디자인을 바꾸고 염기를 더 길게 만들어 뒤에서 일어나는 일을 더 봤다. 박사 후 연구원 때 실험을 염기쌍 20개로 했다면, 교수가 된 뒤에는 염기 쌍 40개를 갖고 했다. 그리고 박사 후 연구원 때는 전사 개시 단계를 봤다면 개시 단계에서 다음 단계인 신장 단계로 어떻게 넘어가는가를 알아내는 게 김 교수가 가진 과학적인 질문이 되었다.

RNA 중합 효소가 전사하는 DNA 염기 서열의 염기 숫자가 7개를 넘어가면 개시에서 신장으로 넘어간다. RNA 중합 효소가 읽어 들여서 만들어야 할 RNA 가닥은 염기 서열 수천 개 길이다. 처음 개시 단계는 짧고 그 단계를 넘어가면 전사가 계속 진행되는 것이다. 계속 설명을 해 달라고 김 교수에게 주문했다. 그가 "너무 디테일하게 들어가는 것 같다. 이미 이쯤에서 일반 독자의 관심이 확 떨어질 것 같다."라고 말했다. 그의 말에도 불구하고 조금 더 설명해 달라고 주문했다. 김하진 교수 설명을 옮겨 본다.

"설계를 개선하니 이제 개시 단계를 넘어 읽어 들이는 염기 수가 늘어났다. 염기 수가 7이 되었고 7에서 8로 넘어갈 때 DNA 나선 구조가 확 바뀌는 걸 보았다. 나선 구조 내 두 염기에 형광 염료를 달아 놓고 보니, 두 염기 간의 거리 변화에 따라 다른 색이 나왔다. 앞에서 얘기한 것처럼 형광의 빛이 달라지면 두 염기의 거리가 변하는 것이다. 거리가 달라졌다는 건 DNA 이중 나선이 일정한 간격을 유지하고 있는데, 이게 확 풀려 나선 구조가 벌어졌다는 것이다. (여기서 김 교수는 컴퓨터 화면으로 논문에 나오는 그래픽 이미지를 보여 주었다.) 개시 단계가 진행되는 동안 각도가 점점 더 꺾인다. 그러다가 신장으로 넘어가는 순간 다시 펴지며 각도가 다시 원래에 가깝게 돌아간다. RNA 중합 효소가 읽어 들인 전체 염기의 숫자가 8이 되면 신장 단계로 간다."

김하진 교수는 이 연구 결과를 발표한 이후에는 사람의 미토콘드리아를 갖고 연구하고 있다. 그는 "해 보니 또 많이 달랐다. 요즘 한창 고심하고 있다."라고 말했다. 단백질 2개로 구성된 효모 미토콘드리아의 전사 시스템에 비해 사람 미토콘드리아의 전사 시스템은 단백질 3개로 되어 있다. 단분자 실험에서는 단백질 하나가 더해질 때마다 실험과 데이터 해석이 복잡해지고 어려워진다. 김 교수가 다시 내게 경고의 말을 날렸다. "너무 디테일하게 들어가면 독자 대부분은 흥미를 잃을 것"이라고 했다. 그 말에 "그렇기는 하다."라면서도 연구를 계속 소개해 달라고 주문했다.

김하진 교수가 자신의 두 번째 연구인 '염색질 동역학' 연구를 소개하겠다고 했다. 2년 전 《게놈 리서치(*Genome Research*)》에 논문을 보고했다. 김 교수는 "울산에 와서 한 연구이고, 단분자가 아니라, 세포 수준에서의 연구"라고 말했다. 이 연구는 세포핵 안에 있는 염색질의 움직임이 어떻게 되는지를 살펴본 것이다. 그는 염색질의 움직임이 '순수 확산(normal diffusion)'인지, '속박된 확산(confined diffusion)'인지, '능동 확산(active diffusion 또는 superdiffusion)'인지를 알아보았다.

"순수 확산은 각 분자들이 독립적이고 아무 속박도, 서로 상호 작용도 없이 움직이는 간단한 수학 모형으로 설명되는 확산을 말한다. 능동 확산은 순수 확산에서 예상하는 것보다 더 빠르게 퍼지는 확산이다. 반면 순수 확산에서 예상하는 것보다 더 느리게 퍼지는 확산도 있는데, 이것은 하위 확산(subdiffusion)이라 한다. 속박된 확산은 어떤 속박에 의해 일정 경계 밖으로 나가지 못한다. 잘 퍼져나가지 못한다는 점에서 하위 확산과 비슷해 보이지만 엄밀하게는 수학적으로 다른 모형이다. 연구에서는 시간 스케일에 따라 하위 확산부터 능동 확산까지 관측되었다. 염색질은 자유로운 작은 분자가 아니라 긴 체인 형태로 속박되어 있으므로 하위 확산 혹은 속박된 확산이 예상되는데, 능동 확산이 관측되었으므로 염색질을 이동시키는 능동적인 메커니즘이 존재함을 제시한다."

김하진 교수는 말이 좀 빨랐다. 나는 낯선 분야이어서 이해도 쉽

22장 생명의 분자를 관측하는 물리학자

지 않았다. 그래서 반복적으로 물어봐야 했다. 그러다 보니 그의 연구 분야 셋 중 하나인 'DNA의 근본적인 성질' 얘기는 들어 볼 시간을 갖지 못했다.

김 교수에게 연구를 하면서 '유레카'의 순간은 어떤 게 있느냐고 물었다. 그는 좀 생각하더니, 2014년 학술지《네이처》에 낸 논문이 있다고 했다.《네이처》는 보통 사람의 입장에서는 최상위 과학 학술지다. 그래서 대개의 과학자들은 보통《네이처》나《사이언스》에 논문을 발표한 것을 자랑한다. 그런데 김하진 교수는 인터뷰가 끝나갈 때서야 그 얘기를 꺼냈다. 리보솜의 조립에 대한 연구라고 했다. 연구가 무엇인지 설명을 들었으나, 그 얘기를 전할 지면이 없다. 연구 이야기만 길게 들었기에 글을 어떻게 써야 하나 고민도 했다. 정작 타자 치기 시작하니, 글이 끝도 없이 길어졌다. 물리학자는 기초의 기초를 하는 사람이라는 것을 다시 확인한 취재였다.

23장 뇌 영상의 최전선을 오가는 물리학자

박혜윤

미네소타 대학교 전자-컴퓨터 공학과 교수

서울대 자연 과학대 22동 415호실 입구에 "박혜윤 교수 실험실"
이라고 안내판이 붙어 있다. 2021년 2월 박 교수를 만났다. 그를 따
라 실험실 안으로 들어가니 어두컴컴하다. 박 교수가 안에서 실험하
고 있는 대학원생이 있는지를 확인하고 등을 켰다. 안에 몇 개의 작
은 방이 있다. 그중 방 하나에 현미경이 있는데, 그 옆에는 "virtual
reality(가상 현실)"이라는 글자가 쓰인 작은 칸막이가 놓여 있다. 박 교
수는 "쥐를 놓고 가상 현실 실험을 한다."라고 말했다.

박사 과정 학생인 이병훈 씨가 야구공보다는 크고 축구공보다는
작은 흰색 공을 보여 준다. 흰색 공은 어디에 사용하는 것일까? 박 교
수에 따르면, 공은 가상 현실 장치의 소품이다. 공 위에 쥐를 올려놓
는다. 쥐는 머리가 고정되어 있다. 움직이려고 발을 굴리면 공이 움직
인다. 머리를 고정해 놨기에 실제로 쥐가 다른 곳으로 가지는 못한다.
쥐는 가상 현실 화면을 본다. 그리고 어느 길로 갈지를 탐색한다. 새

23장 뇌 영상의 최전선을 오가는 물리학자

로운 가상 현실 공간에 들어가면 쥐의 두뇌 활동이 활발해진다. 현미경으로 그것을 촬영한다. 그런 뒤 다음 날 같은 가상 현실 공간에 같은 쥐를 집어넣는다. 쥐는 와 본 곳이라는 것을 기억한다. 그랬을 때 쥐의 뇌에서 어떤 일이 일어났는지를 본다.

박 교수는 "살아 있는 쥐의 어떤 뇌세포에서 기억이 만들어지는지를 보고자 한다. 그 기억을 불러올 때는 또 어떤 세포가 활성화하는지를 보는 연구다. 작년 초에 시작한 실험이다. 이병훈 학생이 애쓰고 있다."라고 말했다.

박혜윤 교수가 쓰는 현미경 장비는 이광자 현미경(two-photon excitation microscopy). 광자 2개가 형광 분자에 동시에 흡수되면 에너지가 2배 높은, 즉 파장이 2분의 1로 짧은 광자 1개가 흡수된 것과 같은 효과를 낸다. 따라서 2배로 길어진 파장의 빛을 사용할 수 있고, 더 긴 파장의 빛은 뇌 속으로 더 깊숙이 들어간다. 산란도 덜 일어나고 피에 의한 빛의 흡수도 덜 일어나기 때문이다. 그러니 보이지 않던 곳을 들여다볼 수 있다.

박혜윤 교수는 서울대 물리학과 95학번이며, 한국 여성으로는 처음으로 2014년 서울대 물리 천문학부 교수가 되었다. 박 교수는 "나는 생물 물리학자이자, 뇌과학 연구자이며, 뇌과학 연구에 쓸 수 있는 새로운 영상(imaging) 기술을 개발하는 사람이라고 표현하는 게 제일 맞다."라고 말했다.

생물 물리학자는 생명 과학 연구에 필요한 새로운 기술을 개발하거나, 생명 현상을 물리적으로 설명하는 이론 및 실험 연구를 한다.

생물 물리학의 큰 그림은 계속 변하고 있다. 엑스선 결정학, NMR(핵자기 공명), 전기 생리학(electrophysiology)은 모두 물리학자의 공헌으로 개발되었고, 기술이 성숙하면서 생물학자가 그것을 이용해서 생명 현상을 연구해 왔다.

요즘 생물 물리학자가 개발하는 것 중 하나는 단일 분자 이미징(single molecule imaging) 기술이다. 단백질, RNA와 같은 생명의 분자 하나하나가 몸 안에서 어떻게 움직이는지를 연구하는 데 필요한 기술이다. 단일 분자 수준의 초고해상도 영상을 만드는 게 목표다.

생물 물리학은 국내에서도 급성장하고 있다. 2020년 한국 물리학회 내에 생물 물리학 분과가 생긴 게 한 증거다. 물리학 배경을 갖고 생명 현상을 연구하면 생물 물리학자라고 할 수 있다. 서울대 물리학과의 생물 물리학자는 홍성철 교수와 박혜윤 교수 두 사람이다. 물리학 연구를 하다가 생명 쪽으로 연구 영역을 확대한 사람도 있다. 박교수는 "생명 쪽에 못 푼 문제가 워낙 많아 물리학 지식을 생명 현상 연구에 응용하고 싶어 하는 물리학자가 많다."라고 말했다.

박 교수는 살아 있는 동물의 단일 분자 RNA 영상화 기술을 개발했는데 그것을 갖고 풀고자 하는 질문은 크게 두 가지다. 첫 번째는 기억의 저장과 인출에 관여하는 뇌 신경 세포가 어디에 있는지를 알고자 하는 연구다. 생물 과학 용어로는 'RNA 전사 이미징(RNA transcription imaging)'이다. 그가 풀고자 하는 두 번째 문제는 'RNA 국소화(localization)'다. RNA 국소화는 용어만 봐서는 무엇을 말하는지 알기 힘들었다.

RNA 전사 이미징 얘기를 먼저 들었다. 기억의 생물학이 현재 어디까지 와 있는지를 알 수 있다. 박 교수는 "현재 우리는 기억이 뇌 신경세포 어디에 어떻게 저장되는지 모른다. 나는 아까 사진 찍으러 갔을 때 실험실에서 봤던 장비, 이광자 현미경을 이용해 그걸 알아내고자 한다."라고 말했다.

그의 설명을 따라 잠시 기억의 생물학 역사를 살펴본다. 기억이 생기면 뇌에 물리적 변화가 있을 거라고 가정한 사람이 독일인 리하르트 제몬(Richard Semon)이다. 그는 이런 물리적 변화에 '엔그램(engram)'이라는 말을 붙였다. 100년 전 일이었으며, 그때에는 엔그램의 실체를 전혀 몰랐다. 그 작업을 처음 체계적으로 한 사람이 미국인 칼 래슐리(Karl Lashley)다. 래슐리는 쥐를 대상으로 치즈를 미끼로 사용해 미로 실험을 했다. 특정 미로를 따라가면 치즈가 있더라 하는 기억을 만들었다. 그리고 그 기억이 뇌 어디에 저장되어 있는지를 확인했다. 대뇌 피질을 제거하는 정도를 높이면서 기억이 계속 유지되는지를 보았다. 대뇌 피질의 70퍼센트를 제거했을 때에야 기억에 이상이 생겼다는 것을 확인했다.

박 교수는 "그 후로는 기억이 어디에 저장되는지 관련 연구는 한동안 지지부진했다."라고 말했다. 1990년대에는 광유전학(optogenetics)이라는 신기술이 도입되었다. 광유전학은 지금 뇌과학자가 압도적으로 많이 사용하는 기술로 최근 엔그램 연구에도 널리 쓰이고 있다. 빛으로 생체 조직의 세포들을 조절할 수 있는 생물학적 기술이다. 이전 뇌과학자들이 동물의 뇌에 전극을 꽂는 방식으로 연구했다는 것을 떠올리면 광유전학은 엄청난 도약인 셈이다. 그리고 FISH(fluorescence in situ hybridization, 형광 동소 보합법 혹은 형광 결합 보체법)라는 이미징 기술이 또 나왔다. FISH를 이용하면, 기억 형성을 위한 RNA들이 어느 뇌세포에서 만들어지는지 알 수 있다.

"FISH는 뇌 조직을 고정해 놓고 RNA에 형광 표지를 달아 준 뒤 이미징하는 기술이다. 실험에 쓰인 쥐를 희생시키고 뇌를 꺼낸 후, 살아 있을 때 그 쥐가 기억 활성화를 위해 뇌의 어떤 신경 세포에서 RNA를 발현시켰는지를 확인한다. 내가 개발하려고 하는 방법은 쥐를 죽이지 않는 것이다. 살아 있는 쥐를 실시간으로 관찰하려고 한다. 쥐가 기억을 하고, 그 기억을 다시 떠올리기 위해 필요한 뇌 신경 세포가 어떤 것인지를 관찰하는 연구를 해 왔다. 그 점이 내가 하는 '살아 있는 동물 RNA 전사 이미징'과 FISH의 큰 차이다."

박 교수의 두 번째 연구 주제는 RNA 국소화다. 이 내용을 듣기 전에 박혜윤 교수의 연구 히스토리를 잠깐 짚어 본다. 그는 서울 과학고를 졸업하고 서울 대학교 물리학과에 진학했다. 박 교수는 "과학고에 다니면서 물리학을 좋아하게 됐다."라고 말했다. 박사 학위는 미국 코넬 대학교에서 했다. 그는 물리학과가 아니라 응용 물리학과를 택했다. "이론보다는 실험을 하고 싶었다."라고 그는 설명했다. 1999년 유학을 가서 2007년 박사 학위(응용 물리학)를 받았다.

박사 공부 기간이 8년으로 길어진 것은 하고 싶은 공부를 찾아 랩을 중간에 바꾸었기 때문이다. 첫 번째 지도 교수(1999~2003년)는 해럴드 크레이그헤드(Harold Craighead)였고, 두 번째 지도 교수(2003~2007년)

는 로이스 폴랙(Lois Pollack)이다. 크레이그헤드 교수는 미세 유체 역학(microfluidics) 전공자다. 당시 미세 유체 역학은 뜨거운 연구 분야였으나 박 교수는 재미를 느끼지 못했다. 무려 4년을 보내다가 생물 물리학자인 폴랙 교수 실험실로 옮겼다. 폴랙 교수는 RNA 3차원 접힘(folding)을 엑스선 산란으로 연구했다.

당시 실험실의 학생들은 가속기에 가서 팀 단위로 실험을 많이 했다. 박혜윤 당시 박사 학생도 처음에는 그렇게 했으나 독립적으로 하는 프로젝트가 있으면 좋겠다고 생각했다. 물어보니, 실험실에서 선배들이 하다가 흐지부지되어 있는 프로젝트가 하나 있었다. 폴랙 교수가 같은 학과의 와트 웹(Watt Webb) 교수와 하던 단백질 접힘의 동역학 연구였다. 그것을 해 보겠다고 덤볐다. 결국 그는 폴랙과 웹 두 사람의 지도를 받아 박사 학위를 받았다. 웹 교수는 앞에서 박 교수 실험실에서 보았던 이광자 현미경 개발자다.

박 교수의 박사 연구인 단백질 접힘의 동역학 연구는 무엇일까? 그는 코넬 대학교 유학 후 첫 번째 랩에서 미세 유체 역학을 공부한 바 있다. 미세, 즉 마이크로미터(10^{-6}미터) 스케일로 가면 관 속 유체 흐름의 성질이 달라진다. 그래서 일반적인 유체 역학과는 다른 미세 유체 역학 연구가 필요하다. 그는 아주 작은 크기, 즉 마이크로미터 굵기의 관을 만들었다. 그리고 그 관으로 액체를 흘려보내면서 여러 가지 화학 반응을 시켰다.

연구의 첫 단계는 '미세 유체 역학 믹서' 만들기였다. 박 교수는 "두 가지 액체를 빨리 섞는 기술을 개발했다. 화학 반응을 일으키려면 섞어야 한다. 상업용 제품은 가장 빨리 섞을 수 있는 속도가 1밀리초(1,000분의 1초)였다. 나는 그것보다 더 빨리 섞고 싶었다."라고 말했다.

1마이크로초(100만분의 1초)도 안 되는 짧은 시간에 굉장히 많은 단백질이 모양을 바꾼다. 그런데 상업적인 '믹서'로는 1밀리초 단위로만 액체를 섞을 수 있으니 단백질이 접히는 것을 제대로 볼 수 없었다. 그는 마이크로초 수준에서 빠르게 액체를 섞을 수 있었기에 단백질이 얼마나 빨리 모양을 바꾸는지를 측정할 수 있었다. 실험한 단백질은 세포 내의 칼모듈린(calmodulin)이었다. 칼모듈린 단백질은 칼슘이온과 결합하면 모양이 급격히 바뀐다.

박 교수는 먼저 미세 유체 역학 믹서를 만든 논문을 썼고(2006년), 믹서를 이용해 칼모듈린 단백질이 모양을 바꾸는 동역학을 확인(2008년)했다. 칼모듈린은 칼슘과 결합하면서 두 단계에 걸쳐 모양이 확 바뀌었다. 첫 번째 단계는 수백 마이크로초 안에 대단히 빠르게 모양이 달라졌고, 두 번째 변화는 좀 더 느려서 밀리초 단위에서 반응이 일어났다.

그는 박사 학위를 받고 2008년 6월 미국 뉴욕 브롱크스에 있는 알베르트 아인슈타인 의과 대학의 로버트 싱어(Robert Singer) 교수 실험실로 갔다. 싱어 교수는 RNA 국소화 현상의 발견자이고, 이 현상은 박혜윤 교수의 두 번째 연구 주제다.

그전까지 사람들은 RNA가 세포질 내부에서 그냥 흩어져 있을 거라고 생각했다. 싱어 교수가 보니 그게 아니었다. 세포질 안의 특정한 곳에 RNA가 모여 있었다. 싱어 교수는 닭의 섬유 아세포(fibroblast)에서 베타-액틴 mRNA의 국소화 현상을 발견, 1986년 생물학 학술지 《셀(Cell)》에 보고했다. 그리고 12년 후인 1998년에는 뇌 신경 세포에서도 같은 현상을 확인했다.

박 교수가 뉴욕 주 이타카를 떠나 브롱크스에 도착했을 때 싱어 교수는 이렇게 말했다. "살아 있는 뇌 안에서 RNA 단분자를 보는 일을 해 줬으면 한다." 박혜윤 박사는 속으로 싱어 교수가 미쳤나 하고 생각했다. 박 교수는 (그때로부터 13년이 지난) "지금도 그게 가능하다고 생각하는 사람이 별로 없을 것"이라고 말했다. 그런데 박 교수는 그 일을 해냈고, 연구 결과를 2014년 《사이언스》에 보고했다. 박 교수는 "살아 있는 뇌 조직에서 RNA 단분자를 보는, 형광 단백질을 붙여서 보는 기술을 최초로 개발해 낸 게 평가를 받았다."라고 설명했다.

"처음에 싱어 교수는 내가 생물학을 잘 모르는 물리학자이다 보니 좀 못 미더워했다. 내가 도착하기에 앞서 지난 10년간 싱어 교수 랩에서는 MCP 유전자 변형 쥐를 만들어 내고 그 유전자가 발현하는 걸 보려 했으나 내내 실패했다. 다른 박사 후 연구원들이 여섯 번 시도했는데 모두 결실을 맺지 못했다. MCP-GFP라는 단백질이 있다. MCP는 쥐에는 없고, 박테리오파지(bacteriophage)라는 바이러스가 갖고 있는 단백질이다. GFP는 초록빛을 내는 형광 단백질이고. MCP와 GFP를 결합한 유전자를 쥐의 DNA에 집어넣는 데까지는 내가 가기 전에 성공했다. 그런데 이 유전자가 발현되어 결국 단백질이 만들어져야 하는데 그걸 보지 못하고 있었던 것이다. 단백질이 만들어지면 초록빛이 나오는데 초록빛을 보지 못했다. 싱어 랩은 그 이유를 몰라 벽에 부딪혀 있었다."

다른 연구원들은 쥐의 배아 세포 핵에 특정 DNA 조각을 미세한 주삿바늘로 찔러 넣어 MCP-GFP 유전자 변형 쥐를 만들었다. 이 방법으로는 쥐의 DNA에 변형 유전자를 한 군데 삽입할 수 있는데, MCP-GFP 유전자의 경우 대부분 발현이 불활성화되어 단백질이 만들어질 확률이 매우 낮았다. 이에 박 교수는 바이러스를 이용해 배아 세포 내에 MCP-GFP 유전자를 10개 정도 삽입하는 전략을 사용하였고, 그 결과 10개 중 하나에서 단백질이 만들어졌다. 초록빛이 나오는 것을 확인한 것이다. 그 과정에서 알게 된 건 MCP라는 단백질이 쥐 안에서는 잘 만들어지지 않는다는 것이었다. 이유는 모른다. 박 교수의 연구는 왕창 찔러 보던 중 하나가 발현되는 것을 힘들게 확인했다고 할 수 있다.

"내가 현미경으로 보니, MCP-GFP로 표지된 베타-액틴 mRNA가 만들어진 게 보였다. 베타-액틴 mRNA들은 만들어지면, 뇌 신경 세포 내부의 자신들을 필요로 하는 곳으로 이동한다. 수상 돌기와 축삭 돌기로 간다. 수상 돌기와 축삭 돌기는 핵으로부터 멀리까지 뻗어 있고, 시냅스를 통해 다른 신경 세포들과 연결되어 있다. 뇌 신경 세포는 결국 핵에서 베타-액틴 mRNA를 만들고 멀리에 있는 수상 돌기와 축삭 돌기를 따라 존재하는 시냅스에 미리 갖다 놓는 것 같다. 시냅스에 있다가 신호를 받으면 그 mRNA로부터 필요한 단백질을 만든다. 이렇게 하면 핵에서 만들어 멀리 보내는 것보다 훨씬 빨리 필요한 단백질을 시냅스에 공급할 수 있다."

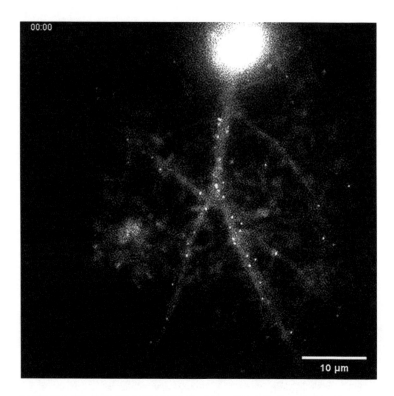

뇌 신경 세포 사진. 밝은 점들이 기억 저장에 필요한 RNA들이다. 박혜윤 교수 제공 사진.

2014년《사이언스》논문이 베타-액틴이라는 가장 많은 양으로 존 재하는 mRNA를 대상으로 한 연구라면, 2018년 서울 대학교에 와서 한 연구는 Arc라는 기억 저장에 관여하는 mRNA를 대상으로 했다. 이 연구는 쥐에서 뇌 신경 세포를 꺼내서 했고, 결과를 학술지《사이 언스 어드밴시스(*Science Advances*)》에 보고했다.

박 교수가 영상을 하나 보여 주는데 밝은 점들, 즉 Arc mRNA가 분주하게 쥐의 뇌 신경 세포 안에서 돌아다닌다. 멈춰 있는 것은 자리를 잡은 것이고, 이리저리 오가고 있는 mRNA는 위치를 찾는 중이라고 했다.

박 교수 이야기를 듣다 보니, 그는 물리학자가 아닌 생물학자와 같았다. 학문 간의 경계가 무너지고 있다는 말이 실감 났다. 경계를 탐색하는 연구자가 바로 그였다.

박혜윤 교수는 2022년 1월 서울 대학교를 떠나 미국 미네소타 대학교 트윈시티스 캠퍼스로 자리를 옮겼다. 그곳에서 전자-컴퓨터 공학과 교수로 일하고 있다.

더 읽을거리

1장 양자 컴퓨터 개발은 불가능하다?!

Han, H. S., Lee, H. G. & Cho, D., "Site-Specific and Coherent Manipulation of Individual Qubits in a 1D Optical Lattice with a 532-nm Site Separation", *Physical review letters*, 122, 13, 133201. (2019).

Kim, H., Han, H. S. & Cho, D., "Magic polarization for optical trapping of atoms without stark-induced dephasing", *Physical review letters*, 111, 24, (2013).

조동현, 「양자 정보 통신 기술, 연구 저변 확대부터」, 《경향신문》, 2017년 11월 29일자 29면.

루이자 길더, 노태복 옮김, 『얽힘의 시대: 대화로 재구성한 20세기 양자 물리학의 역사』 (부키, 2012년).

아미르 D. 액젤, 김형도 옮김, 『얽힘』(지식의 풍경, 2007년).

2장 나의 40대, 양자 컴퓨터에 갈아 넣었다!

Park, G., Choi, G., Choi, J. et al., "Observation of a Strongly Enhanced Relaxation Time of an In-situ Tunable Transmon on a Silicon Substrate up to the Purcell Limit Approaching 100 µs", *Journal of the Korean Physical Society*, 76(11), 1029-1034 (2020).

Noh, T., Park, G., Lee, SG. et al., "Construction of controlled-NOT gate based on microwave-activated phase (MAP) gate in two transmon system", *Scientific Reports*, 8, 13598 (2018).

후루사와 아키라, 채은미 옮김, 『빛의 양자 컴퓨터』(동아시아, 2021년).

3장 미세 자기장 측정하는 양자 센서 만든다

D. Lee and J. A. Gupta, "Tunable field-controlover the binding energy of single dopants by a charged vacancy in GaAs", *Science* 330, 1807 (2010) and also published online in *Science Express* (2010).

4장 슈뢰딩거 고양이를 진짜로 만들 수 있을까?

A. Ourjoumtsev, H. Jeong, R. Tualle-Brouri and Ph. Grangier, "Generation of optical 'Schrödinger cats' from photon number states," *Nature*, 448, 784 (2007).

C.-W. Lee and H. Jeong, "Quantification of Macroscopic Quantum Superpositions within Phase Space," *Physical Review Letters*, 106, 220401 (2011).

H. Jeong, A. Zavatta, M. Kang, S.-W. Lee, L. S. Costanzo, S. Grandi, T. C. Ralph, and M. Bellini, "Generation of hybrid entanglement of light," *Nature Photonics*, 8, 564 (2014).

K.-C. Tan, T. Volkoff, H. Kwon, and H. Jeong, "Quantifying the Coherence between Coherent States," *Physical Review Letters*, 119, 190405 (2017).

존 그리빈, 박병철 옮김, 『슈뢰딩거의 고양이를 찾아서』(휴머니스트, 2020년).

에른스트 페터 피셔, 박규호 옮김, 『슈뢰딩거의 고양이: 과학의 아포리즘이 세계를 바꾸다』(들녘, 2009년).

5장 원자를 이용해 얽힌 광자를 만든다

Yosep Kim, Yong Siah Teo, Daekun Ahn, Dong-Gil Im, Young-Wook Cho, Gerd Leuchs, Luis L. Sánchez-Soto, Hyunseok Jeong, and Yoon-Ho Kim, "Universal Compressive Characterization of Quantum Dynamics", *Physical Review Letters*, 124, 210401 (2020).

Tian-Ming Zhao, Yong Sup Ihn, and Yoon-Ho Kim, "Direct Generation of Narrow-band Hyperentangled Photons", *Physical Review Letters*, 122, 123607 (2019).

짐 배것, 박병철 옮김, 『퀀텀 스토리: 양자 역학 100년 역사의 결정적 순간들』(반니, 2014

년).

백소영, 김윤호, 「양자정보의 측정에 대한 양자광학적 연구: 정보이득과 상태교란의 배타
성」, 《Optical Science and Technology》, 13권 3호, 28-37, July 2009.

김윤호, 홍정기, 「노벨 물리학상: 빛의 양자성과 응용」, 《물리학과 첨단기술》, 12월호
8-14, 2005년.

6장 완전 무반사 원리, 실험으로 구현한다

SJ Yoo, QH Park, "Metamaterials and chiral sensing: a review of fundamentals and
applications", *Nanophotonics*, 8(2), 249-261, (2019).

Dong-Ho Kim et al., "Enhanced light extraction from GaN-based light-emitting diodes
with holographically generated two-dimensional photonic crystal patterns", *Applied
Physics Letters*, 87(20), (2005).

Q-Han Park and H. J. Shin, "Field theory for coherent optical pulse propagation",
Physical Review A, 57, 4621, (1998).

Q-Han Park and H. J. Shin. "Parametric Control of Soliton Light Traffic by cw Traffic
Light", *Physics Review Letters*, 82, 4432 (1999).

7장 나노 광학과 신경 과학을 융합하다

Kirill Koshelev, Sergey Kruk, Elizaveta Melik-Gaykazyan, Jae-Hyuck Choi, Andrey
Bogdanov, Hong-Gyu Park, and Yuri Kivshar, "Subwavelength dielectric resonators
for nonlinear nanophotonics," *Science*, 367, 288-292 (2020).

HG Park, SH Kim, SH Kwon, YG Ju, JK Yang, JH Baek, SB Kim, YH Lee, "Electrically
driven single-cell photonic crystal laser", *Science*, 305(5689), 1444-1447 (2004).

8장 녹슬지 않는 구리를 만드는 단결정 연구자

Su Jae Kim, Yong In Kim, Bipin Lamichhane, Young-Hoon Kim, Yousil Lee, Chae Ryong
Cho, Miyeon Cheon, Jong Chan Kim, Hu Young Jeong, Taewoo Ha, Jungdae Kim,
Young Hee Lee, Seong-Gon Kim, Young-Min Kim, Se-Young Jeong, "Flat-surface-
assisted and self-regulated oxidation resistance of Cu", *Nature* 603, (2022).

Su Jae Kim, S. Kim, J. Lee, Y. Jo, Y.-S.Seo, M. Lee, Y. Lee, C. R. Cho, J.-p. Kim, M.
Cheon, J. Hwang, Y. I. Kim, Y.-H. Kim, Y.-M. Kim, A. Soon, M. Choi, W. S. Choi, Se-

Young Jeong, and Y. H. Lee, "Color of Copper/Copper Oxide", *Advanced Materials*, 2007345 (2021).

정세영, 「금속의 재발견: 금빛보다 아름다운 구리의 빛깔」, 《호라이즌》, 2020년 12월 19 일.

9장 물질파를 만드는 실험 장인

S. Moal, M. Portier, J. Kim, J. Dugue, U.D. Rapol, M. Leduc, and C. Cohen-Tannoudji, "Accurate Determination of the Scattering Length of Metastable Helium Atoms Using Dark Resonances between Atoms and Exotic Molecules", *Physical Review Letters*, 96, 023203 (2006).

J. Le Gouet, T. A. Mehlstaubler, J. Kim, S. Merlet, A. Clairon, A. Landragin, F. Pereira dos Santo, "Limits to the sensitivity of a low noise compact atomic gravimeter", *Applied Physics B*, 92, 133 (2008).

리처드 파인만 외, 박병철 옮김, 『파인만의 물리학 강의 I』(승산, 2004년).

10장 원자를 얼려서 만든 초유체를 들여다본다

J.Goo, Y. Lim and Y. Shin, "Defect Saturation in a Rapidly Quenched Bose Gas", *Physical Review Letters*, 127, 115701 (2021).

J. H. Kim, D. Hong, K. Lee and Y. Shin, "Critical Energy Dissipation in a Binary Superfluid Gas by a Moving Magnetic Obstacle", *Physical Review Letters*, 127, 095302 (2021).

서울 대학교 자연 과학 대학 유튜브 채널, 「서울대 자연대 대학원에서 연구 뭐 하지? [10 편]」

신용일, 「기체의 재발견: 아주 차가운 양자 기체」, 《호라이즌》, 2021년 9월 13일.

11장 강상관계 설명할 새로운 물리학 플랫폼

Park, B., Kang, B., Bu, S. et al. "Lanthanum-substituted bismuth titanate for use in non-volatile memories", *Nature*, 401, 682–684 (1999).

Moon SJ, Choi WS, Kim SJ, Lee YS, Khalifah PG, Mandrus D, Noh TW. "Orbital-driven electronic structure changes and the resulting optical anisotropy of the quasi-two-dimensional spin gap compound La4Ru2O10", *Physical Review Letters*, 21,

116404, (2008).

국형태, 「기다릴 줄 아는 문화가 필요하다: 노태원 교수를 만나다」, 《호라이즌》, 2018년 1월 8일.

12장 삼성 전자의 1급 기밀, 유기 반도체의 제1전문가

Gyeong Woo Kim et al., Young Hoon Son, Hye In Yang, Jin Hwan Park, Ik Jang Ko, Raju Lampande, Jeonghun Sakong, Min-Jae Maeng, Jong-Am Hong, Ju Young Lee, Yongsup Park, and Jang Hyuk Kwon, "Diphenanthroline Electron Transport Materials for the Efficient Charge Generation Unit in Tandem Organic Light-Emitting Diodes", *Chemistry of Materials*, 29(19), 8299–8312, (2017).

J.-H. Kim, J.-A. Hong, D.-G. Kwon, J. Seo , and Y. Park, "Energy Level Alignment in Polymer Organic Solar Cells at Donor-Acceptor Planar Junction Formed by Electrospray Vacuum Deposition", *Appl. Phys. Lett*, 104, 163303 (2014).

박용섭, 「반도체의 재발견: 모스펫 발명에서 유기 반도체까지」, 《호라이즌》, 2021년 9월 24일.

13장 세계 최고 장비가 있어야 한국 물리학이 발전한다

S Cheon, TH Kim, SH Lee, HW Yeom, "Chiral solitons in a coupled double Peierls chain", *Science*, 350(6257), 182-185, (2015).

HW Yeom, S Takeda, E Rotenberg, I Matsuda, K Horikoshi, J Schaefer, et al., "Instability and charge density wave of metallic quantum chains on a silicon surface", *Physical Review Letters*, 82(24), 4898, (1999).

14장 포스트 그래핀 '흑린'에 주목한다

Kim, J., Baik, S. S., Ryu, S. H., Sohn, Y., Park, S., Park, B. G., Denlinger, J., Yi, Y., Choi, H. J., & Kim, K. S., "Observation of tunable band gap and anisotropic Dirac semimetal state in black phosphorus", *Science*, 349(6249), 723-726. (2015).

15장 스핀 소용돌이 입자 '스커미온'을 파헤치다

XZ Yu, Y Onose, N Kanazawa, JH Park, JH Han, Y Matsui, N Nagaosa, "Real-space observation of a two-dimensional skyrmion crystal", *Nature*, 465 (7300), 901-904

(2010).

JH Han, *Skyrmions in Condensed Matter* Springer, (2017).

한정훈, 『물질의 재발견』(김영사, 2020년).

16장 위상 물질 물리학과 반도체의 미래

Rhim, JW., Kim, K. & Yang, BJ. "Quantum distance and anomalous Landau levels of flat bands", *Nature*, 584, 59-63 (2020).

Junyeong Ahn, Bohm-Jung Yang, "Unconventional Topological Phase Transition in Two-Dimensional Systems with Space-Time Inversion Symmetry", *Physical Review Letters*, 118, 156401, (2017).

17장 양자 스핀 아이스와 쩔쩔맴의 양자 물리학

SB Lee, S Onoda, L Balents, "Generic quantum spin ice", *Physical Review B*, 86 (10), 104412, (2012).

H-J Yang, N. Shannon and SB Lee, "Hidden phases born of a Quantum spin liquid : application to pyrochlore spin ice", *Physical Review B*, 104, L100403 (2021).

18장 함께하면 달라지는 복잡계 물리학

Seung Ki Baek et al., "Co-sponsorship analysis of party politics in the 20th National Assembly of Republic of Korea", *Physica A: Statistical Mechanics and its Applications*, 560(4):125178, (2020).

P Holme, BJ Kim, "Growing scale-free networks with tunable clustering", *Physical Review E*, 65(2), 026107(2002).

김범준, 『내가 누구인지 뉴턴에게 물었다』(21세기북스, 2021년).

김범준, 『관계의 과학』(동아시아, 2019년).

김범준, 『세상물정의 물리학』(동아시아, 2015년).

19장 미래 에너지의 꿈, 핵융합 기술을 확보하라

최준석, 「유석재 국가핵융합연구소 소장 "군산 부활 희망의 씨앗 핵융합 실증로 연구단지를!"」, 《주간조선》, 2018년 09월 10일자.

YTN 사이언스 동영상, 「[브라보 K-사이언티스트] K-STAR, 1억°C를 유지하라-유석재 원장」.

한국 핵융합 에너지 연구원 블로그, 「네이처가 본 핵융합의 현재와 미래」, 2022년 2월 8일. https://fusionnow.kfe.re.kr/.

Philip Ball, "The chase for fusion energy", 《*Springer Nature*》 (2021). https://www. nature.com/immersive/d41586-021-03401-w/index.html.

20장 야생마, 플라스마를 길들인다

S. S. Kim and C. S. Chang, "Inductively coupled plasma heating in a weakly magnetized plasma", *PHYSICS OF PLASMAS*, 6(7), JULY (1999).

21장 핵융합의 미래가 그에게 달렸다

ITER, "60 YEARS OF PROGRESS". https://www.iter.org/.

22장 생명의 분자를 관측하는 물리학자

Sohn, BK., Basu, U., Lee, SW. et al. "The dynamic landscape of transcription initiation in yeast mitochondria", *Nature Communications* 11, 4281 (2020).

Urmimala Basu*, Seung-Won Lee*, Aishwarya Deshpande*, Jiayu Shen, Byeong-Kwon Sohn, Hayoon Cho, Hajin Kim+, and Smita S. Patel+ "The C-terminal Tail of the Yeast Mitochondrial Transcription Factor Mtf1 Coordinates Template Strand Alignment, DNA Scrunching, and Timely Transition into Elongation", *Nucleic Acids Research*, 2020.

Hajin Kim, Guo-Qing Tang, Smita S. Patel, Taekjip Ha., "Opening-Closing Dynamics of the Mitochondrial Transcription Pre-initiation Complex", *Nucleic Acids Research*, Vol. 40, No. 1 371-380, 2012.

23장 뇌 영상의 최전선을 오가는 물리학자

Das, S., Moon, H. C., Singer, R. H., and Park, H. Y., "A Transgenic Mouse for Imaging Activity-Dependent Dynamics of Endogenous Arc mRNA in Live Neurons", *Science Advances* 4, eaar3448. (2018).

Song, M. S., Moon, H. C., Jeon, J.-H., and Park, H. Y., "Neuronal Messenger Ribonucleoprotein Transport Follows an Aging Lévy Walk", *Nature*

Communications 9, 344. (2018).

Park, H. Y., Lim, H., Yoon, Y. J., Follenzi, A., Nwokafor, C., Lopez-Jones, M., Meng, X., and Singer, R. H., "Visualization of Dynamics of Single Endogenous mRNA Labeled in Live Mouse", *Science* 343, 422. (2014).

더 읽을거리

도판 저작권

찾아보기

최준석의 과학 열전 2

물리 열전 _하

그 슈뢰딩거의 고양이는 아직도 살아있을까?

1판 1쇄 찍음 2022년 8월 15일
1판 1쇄 펴냄 2022년 8월 30일

지은이 최준석
펴낸이 박상준
펴낸곳 (주)사이언스북스

출판등록 1997. 3. 24.(제16-1444호)
(06027) 서울시 강남구 도산대로1길 62
대표전화 515-2000, 팩시밀리 515-2007
편집부 517-4263, 팩시밀리 514-2329
www.sciencebooks.co.kr

ⓒ 최준석, 2022. Printed in Seoul, Korea.

ISBN 979-11-92107-20-2 04400
ISBN 979-11-92107-18-9 (세트)